世界遺産検定3·4級

公式過去問題集

Exercises for Test of World Heritage Study, 180 Questions for Grade 3
150 Questions for Grade 4 and 12 sample tests for each grade

[2024年度版]

— 目 次 —

003 はじめに／世界遺産検定の各級概要
004 本書の使い方／世界遺産検定の学習方法

■ 世界遺産検定3級過去問題

006 世界遺産検定❸級［2023年 3月］認定率・講評
007 世界遺産検定❸級［2023年 3月］問題
022 世界遺産検定❸級［2023年 7月］認定率・講評
023 世界遺産検定❸級［2023年 7月］問題
038 世界遺産検定❸級［2023年 12月］認定率・講評
039 世界遺産検定❸級［2023年 12月］問題

■ 世界遺産検定4級過去問題

055 世界遺産検定❹級［2023年 3月］認定率・講評
056 世界遺産検定❹級［2023年 3月］問題
068 世界遺産検定❹級［2023年 7月］認定率・講評
069 世界遺産検定❹級［2023年 7月］問題
081 世界遺産検定❹級［2023年 12月］認定率・講評
082 世界遺産検定❹級［2023年 12月］問題

■ 3・4級 解答・正答率

095 世界遺産検定❸級［2023年 3月］解答・正答率
096 世界遺産検定❸級［2023年 7月］解答・正答率
097 世界遺産検定❸級［2023年 12月］解答・正答率
098 世界遺産検定❹級［2023年 3月］解答・正答率
099 世界遺産検定❹級［2023年 7月］解答・正答率
100 世界遺産検定❹級［2023年 12月］解答・正答率

■ 3・4級 例題

102 世界遺産検定❸級 例題
106 世界遺産検定❹級 例題
110 世界遺産検定❸・❹級 例題 解答解説

はじめに

日本に世界遺産が誕生してから30年たち、「世界遺産」という言葉は広く認知され、人々の耳目を集めるアイコンとしての役割を果たすようになりました。しかしながら多くの場合「世界遺産とは何か」「なぜ世界遺産に登録されているのか」などには触れられていません。

世界遺産は「観る」「訪れる」というのが一番の楽しみ方ですが、そろそろ次の段階、世界遺産を「学ぶ」「考える」というステップに進んでよい時期です。

世界遺産を学ぶということは、個々の遺産の詳細な情報を知る、ということだけではありません。世界遺産の背景にある、世界中の様々な文化や伝統、価値観、気候風土などを知り、互いに認め合うこと、地球環境保護について考えること、それが「世界遺産を学ぶ」ということなのです。

本書を手にした皆さんが世界遺産を学び、いま見ている世界を見つめなおすことで、人生の選択肢が増え、毎日がより豊かなものになることを願っています。

NPO法人 世界遺産アカデミー ／ 世界遺産検定事務局

世界遺産検定の各級概要

解答形式は4～1級が選択式の四肢択一、マイスターのみ論述です。

級	受検資格	合格基準*1	問題数	試験時間	問題数または配点比率				
					基礎知識	日本の遺産	世界の遺産		その他
							自然遺産	文化遺産	
4級	どなたでも受検できます	100点満点中60点以上	50問	50分	13問	23問	13問		1問
3級	どなたでも受検できます	100点満点中60点以上	60問	50分	25%	30%	10%	30%	5%
2級	どなたでも受検できます	100点満点中60点以上	60問	60分	20%	25%	10%	35%	10%
準1級	2級認定者の方	100点満点中60点以上	60問	60分	15%	25%	50%		10%
1級	2級認定者の方	200点満点中140点以上	90問	90分	25%	20%	45%		10%
マイスター	1級認定者の方	20点満点中12点以上*2	3題	120分	分野を横断する総合的な出題です				

*1：合格基準は調整される場合があります。

*2：12点に達していても、問1、2で6点、問3で6点にそれぞれ達していなければ、合格基準を満たしていないものとする。

本書の使い方

本書は、世界遺産検定3級問題（2023年3月、7月、12月実施）と4級問題（2023年3月、7月、12月実施）を、過去問題として掲載しています。

● それぞれの回ごとに認定率と講評を記載していますので、参考にしてください。統計データには公開会場受検者の分のみ含まれています。準会場受検者や、CBT試験受検者は含まれません。

● 解答はp094以降にまとめてありますので、実際に問題を解いて、傾向と難易度をつかんでください。各問の正答率も解答とともに記載してあります。

● 3級、4級の例題が12問ずつp101以降に掲載されています。解説付きですので、こちらも参考にしてください。

● 本書における世界遺産の名称や国名などの固有名詞は、3級については『きほんを学ぶ世界遺産100〈第4版〉 世界遺産検定3級公式テキスト』（NPO法人 世界遺産アカデミー、2023年3月発行）、4級については『はじめて学ぶ世界遺産50〈第4版〉 世界遺産検定4級公式テキスト』（NPO法人 世界遺産アカデミー、2023年3月発行）に準拠しています。

世界遺産検定の学習方法

世界遺産検定 3 級

● 世界遺産条約の理念を理解し、地理や歴史に登場する代表的な世界遺産を学びます。日本の全遺産（2024年3月時点25件）と世界の代表的な遺産100件が出題対象となります。

●「世界遺産の基礎知識」は、世界遺産を学習する際の基本ですので、ここから学習を始めてください。また日本の遺産は全遺産が出題されます。遺産の位置なども覚えておきましょう。世界遺産委員会の開催国や、審議される日本の推薦物件も重要です。

世界遺産検定 4 級

● 世界遺産の見方を知り、日本を中心とする世界の有名な遺産を通して世界の広さを学びます。日本の全遺産（2024年3月時点25件）と世界の代表的な遺産35件が出題対象となります。

● テキストの赤太字と黒太字を中心に出題されます。学習する際には注目するようにしてください。「世界遺産の基礎知識」と「日本の遺産」が重要ですので、まずそこから学習を始めてください。また、英語も4級のポイントです。英文に登場する赤太字も覚えるようにしてください。

世界遺産及び検定試験に関する最新情報については、以下のホームページで随時更新してまいります。

せかけんHP　https://www.sekaken.jp/

過去問題

3級

006 世界遺産検定③級
［2023年 3月］

022 世界遺産検定③級
［2023年 7月］

038 世界遺産検定③級
［2023年 12月］

過去問題 3級

2023年3月 実施

認定率・講評

〈 集計データ 〉

最高点	最低点	平均点	認定点	受検者数	認定者数	認定率
100点	29点	76.4点	60点	494人	431人	87.2%

〈 得点分布図 〉

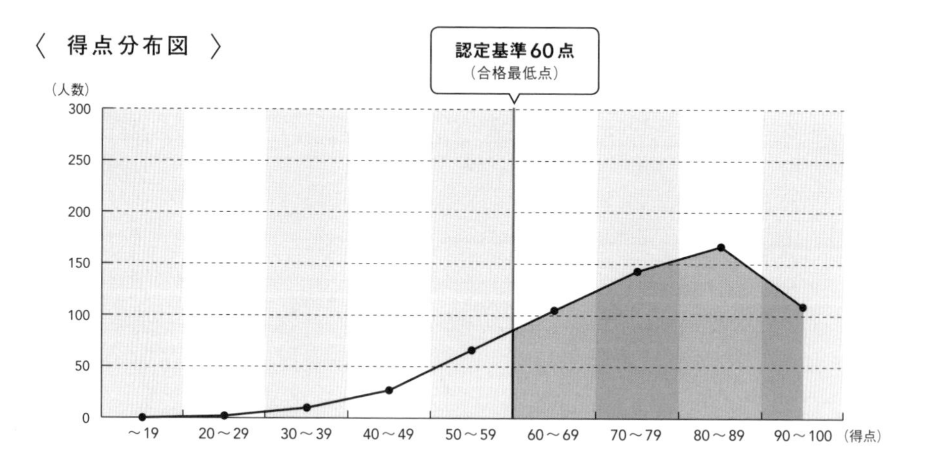

— 講評 —

平均点は76.4点で、認定率は87.2％と高い水準となりました。最も正答率が低かったのは、『紀伊山地の霊場と参詣道』の英文問題です。選択肢が紛らわしかったためか、正答を選んだ人は3割弱に留まりました。また『ウィーンの歴史地区』に関する空欄補充問題も、正答率は3割程度でした。選択肢がすべてヨーロッパにある宮殿で、難易度の高い設問だったと言えます。いずれの問題も、テキストで赤太字となっている箇所が問われています。遺産名と必ずセットで覚えましょう。名称を混同しやすい建造物は、検定公式YouTubeなどで写真や映像を観てみると、個々の物件のイメージをつかみやすくなります。

▶世界遺産条約に関する次の文章を読んで、以下の問いに答えなさい。

> 世界遺産とは、「人類共通の宝物」である自然や文化財を(a)世界遺産条約に基づいて保護してゆくものである。条約の理念が誕生するきっかけは、1960年代に始まった(b)アスワン・ハイ・ダムの建設に関する遺跡救済キャンペーンであるとされる。この時、フランス文化大臣アンドレ・マルローは、ユネスコ会議で「世界文明の第1ページを刻む芸術は、(　　　)我々の遺産である」という演説を行った。

・下線部(a)「世界遺産条約」の正式名称として、正しいものはどれか。〈 1点 〉

[1] ① 世界の遺産及び景観の保護に関する条約
② 世界の文化遺産及び自然遺産の保護に関する条約
③ 世界の有形及び無形文化遺産の保護に関する条約
④ 世界の歴史及び自然遺産の登録に関する条約

・同じく「世界遺産条約」に関し、この条約の内容として、正しくないものはどれか。〈 2点 〉

[2] ①「文化」と「自然」を初めてひとつの条約の中で保護するものである
② ユネスコの信託基金である世界遺産基金の設立が明記されている
③ 遺産の保護・保全の責任は国連にあるとしている
④「人類共通の宝物」を守るだけでなく「平和の礎」を築くという側面も持ち合わせている

・下線部(b)「アスワン・ハイ・ダム」が建設された場所として、正しいものはどれか。〈 2点 〉

[3] ① ナイル川
② アマゾン川
③ インダス川
④ メコン川

・文中の空欄に当てはまる語句として、正しいものはどれか。〈 2点 〉

[4] ① 偉大なる
② 分割できない
③ 未来に残すべき
④ 唯一無二の

▶世界遺産に関する次の文章を読んで、以下の問いに答えなさい。

［ (a)世界遺産の申請には、いくつかの条件がある。各国は「暫定リスト」の中から、それらの条件を満たした物件をユネスコの世界遺産センターに(b)推薦する。世界遺産リストに記載されるには、10項目の登録基準のいずれかに当てはまることや、(c)価値の証明などが求められる。(d)日本は、2023年1月時点で25件の遺産が世界遺産に(e)登録されている。 ］

・下線部(a)「世界遺産の申請」に必要な条件として、正しくないものはどれか。〈 2点 〉

[5] ① 遺産が不動産であること
② 遺産を保有する国の法律などで保護されていること
③ 遺産保有国を含む3ヵ国から推薦があること
④ 遺産をもつ国が世界遺産条約の締約国であること

・下線部(b)「推薦」に関し、推薦書の提出から登録まで約1年半の期間を要するが、緊急な保護が必要な場合、「緊急的登録推薦」として正規の手順を経ずに世界遺産登録されることがある。この方法で登録された世界遺産として、正しいものはどれか。〈 2点 〉

[6] ① カトマンズの谷
② ワルシャワの歴史地区
③ ドゥブロヴニクの旧市街
④ バムとその文化的景観

・下線部(c)「価値の証明」に関し、世界遺産登録において重要視されている概念のひとつである「文化的景観」の説明として、正しいものはどれか。〈 1点 〉

[7] ① 1972年に世界遺産条約と合わせて採択された概念である
② 人間の文化や社会、その景観などが周囲の自然環境や気候風土と切り離せないという考えに基づく
③ 人の手が加えられていないありのままの自然を残した景観で、自然遺産に分類される
④ 日本では1993年に『白神山地』で初めて認められた

・下線部(d)「日本」に関し、日本で初めて世界遺産に登録された遺産として、正しいものはどれか。〈 2点 〉

[8] ① 屋久島　② 古都京都の文化財
③ 厳島神社　④ 知床

・下線部(e)「登録」に関し、2023年1月時点の世界遺産の登録件数として、正しいものはどれか。〈 1点 〉

[9] ① 981件　② 1,002件
③ 1,157件　④ 1,203件

▶**国境をまたいで存在する遺産に関する、以下の問いに答えなさい。**

・『ル・コルビュジエの建築作品：近代建築運動への顕著な貢献』の登録国は7ヵ国に及ぶ。遺産を保有する国として、正しくないものはどれか。〈1点〉

[**10**] ① フランス共和国
② 中華人民共和国
③ インド
④ アルゼンチン共和国

・『ピレネー山脈のペルデュ山』に関する説明として、正しいものはどれか。〈2点〉

[**11**] ① イタリア共和国とスイス連邦にまたがる遺産である
② 自然遺産として登録されている
③ シェルパ族が登山隊のポーターとして活躍している
④ 現在のヨーロッパでは珍しくなった放牧が行われている

・ザンビア共和国とジンバブエ共和国にまたがる『ヴィクトリアの滝(モシ・オ・トゥニャ)』に関し、滝の一帯が属する気候帯として、正しいものはどれか。〈1点〉

[**12**] ① ステップ気候　② ツンドラ気候
③ サバナ気候　④ 熱帯雨林気候

・国境をまたいで存在する自然遺産や、同じような特徴をもつ複数の遺産が国境を越えて存在する時に、多国間の協力の下で世界遺産登録し保護・保全するという概念として、正しいものはどれか。〈1点〉

[**13**] ① グローバル・ヘリテージ・サイト
② トランスバウンダリー・サイト
③ ボーダレス・サイト
④ ワールド・ワイド・サイト

▶**山や山岳地帯を含む遺産に関する、以下の問いに答えなさい。**

・『富士山―信仰の対象と芸術の源泉』に関し、富士山への巡礼者の宿坊の手配や、巡礼の案内を行った人々として、正しいものはどれか。〈2点〉

[**14**] ① 防人　② 御師
③ 陰陽師　④ 山伏

・『屋久島』に関する次の文中の語句で、<u>正しくないもの</u>はどれか。〈 2点 〉

『屋久島』は標高1,936mの（① 宮之浦岳）を中心に1,000m級の山々が連なっている。年間降水量は4,400㎜に達する多雨地域で、特異な地形や黒潮の影響を受けた温暖湿潤気候により、植物の（② 垂直分布）がみられる。屋久島に自生する樹齢1,000年を超えるスギは屋久杉と呼ばれ、島最大のものは（③ 平安杉）と名付けられた。20世紀初頭から保護活動が行われ、世界遺産登録に先立つ1980年には（④ 生物圏保存地域（ユネスコエコパーク））に指定された。

[**15**] ① 宮之浦岳
② 垂直分布
③ 平安杉
④ 生物圏保存地域（ユネスコエコパーク）

・『ユングフラウ－アレッチュのスイス・アルプス』の「アレッチュ」の説明として、正しいものはどれか。〈 2点 〉

[**16**] ① アルプス最大の氷河である
② 世界的に知られるフィヨルドである
③ サンスクリット語で「雪の居所」を意味する
④ レッサーパンダなど希少な野生生物が生息する

▶石の遺跡に関する次の文章を読んで、以下の問いに答えなさい。

世界各地に残る巨石遺跡の中でも、英国の（**a**）『<u>ストーンヘンジ、エイヴベリーの巨石遺跡と関連遺跡群</u>』は謎が多い遺跡として知られている。韓国の（**b**）『<u>高敞（コチャン）、和順（ファスン）、江華（クアンファ）の支石墓跡</u>』は先史時代の巨石墓群で、多くの支石墓が集中している。巨石建造物といえば（**c**）『<u>メンフィスのピラミッド地帯</u>』が有名だが、ピラミッドも未だ多くの謎に包まれている。日本の縄文時代の遺跡群である（**d**）『<u>北海道・北東北の縄文遺跡群</u>』では、数千個の石を並べた遺跡がみられる。

・下線部（a）「ストーンヘンジ、エイヴベリーの巨石遺跡と関連遺跡群」に関し、ストーンヘンジで行われたと考えられている祭祀として、正しいものはどれか。〈 2点 〉

[**17**] ① 航海の安全を祈る祭祀
② 戦勝を祈る祭祀
③ イエス・キリストの復活を祝う祭祀
④ 太陽崇拝の祭祀

・下線部(b)「高敞、和順、江華の支石墓跡」でみられる巨大な石の板を複数の石で支える墓として、正しいものはどれか。〈2点〉

[18] ① ドルメン ② ピロティ ③ モアイ ④ ストゥーパ

・下線部(c)「メンフィスのピラミッド地帯」にあるギザの三大ピラミッドに含まれるものとして、正しくないものはどれか。〈2点〉

[19] ① クフ王のピラミッド
② メンカウラー王のピラミッド
③ ツタンカーメン王のピラミッド
④ カフラー王のピラミッド

・下線部(d)「北海道・北東北の縄文遺跡群」に関し、秋田県にある構成資産として、正しいものはどれか。〈2点〉

[20] ① 三内丸山遺跡 ② 大湯環状列石
③ 是川石器時代遺跡 ④ 亀ヶ岡石器時代遺跡

▶大学院生のナオトと同じゼミの後輩ヒロキの会話を読んで、以下の問いに答えなさい。

ナオト：ああ〜。
ヒロキ：ナオト先輩、どうしたんですか。
ナオト：さっきの(a)落雷でパソコンが壊れて、中に入れていた修士論文のデータが消えちまったんだよぉ。提出は3日後だっていうのに、どうすりゃいいんだ……。
ヒロキ：それはヤバいっすね。先輩の論文、(b)姫路城の何でしたっけ？
ナオト：「(c)石垣修理と安定性について」だよ。何度も姫路城に足を運んで、ようやく書き上げたのに……。今から書き直して間に合うかな。ヒロキ、手伝ってくれる？
ヒロキ：無理ですよ。俺、この後バイトあるんで。それより先輩、もう1年提出を遅らせて、俺と一緒に卒業旅行に行きませんか？ 2、3週間休みが取れるのはこの時だけだから、思い切って(d)南米一周とか、(e)サンティアゴ・デ・コンポステーラ*の巡礼とか、(f)熊野古道踏破とかチャレンジしましょうよ。俺、いろいろ行きたい場所があるんですよね。
ナオト：それ、いいね！ ……って、マズいだろ！ 危ない危ない。一瞬、なびきそうになった。ヒロキ、そういう悪魔のような誘惑やめてくれる？
ヒロキ：すいませーん。あっ、そういえば、この前の進捗報告会の時、(g)教授がデータのバックアップを取っていたような気がします。教授に聞いてみたらどうですか？
ナオト：ホントに？ ちょ、ちょっと今から教授探してくるわ！

(*正式名称は『サンティアゴ・デ・コンポステーラの巡礼路：カミノ・フランセスとスペイン北部の道』)

・下線部(a)「落雷」で焼失し、再建された法隆寺を含む『法隆寺地域の仏教建造物群』の説明として、正しいものはどれか。 〈 2点 〉

[**21**] ① 法隆寺は聖武天皇が建立した若草伽藍を起源とする
② 現存する世界最古の木造建造物を含む
③ 回廊などの円柱はアラベスクと呼ばれる中央がふくらんだ形になっている
④ 法隆寺がある斑鳩では国際色豊かな天平文化が花開いた

・下線部(b)「姫路城」の説明として、正しくないものはどれか。 〈 1点 〉

[**22**] ① 白漆喰と総塗籠の外壁に覆われた姿から「白鷺城」の別名がある
② 日本の木造城郭建築の代表例とされる
③ 城主となった池田輝政が9年に及ぶ大改修を行った
④ 徳川幕府の一国一城令を受け、一度解体された

・下線部(c)「石垣」を備えたグスクを含む『琉球王国のグスク及び関連遺産群』の説明として、正しいものはどれか。 〈 2点 〉

[**23**] ① 琉球王国は長い間鎖国を行っていたため琉球独特の文化が生まれた
② 12世紀ごろから大王と呼ばれる豪族が琉球各地に割拠した
③ グスク跡の内部には、宗教的聖地とされる拝所が設けられている
④ 沖縄戦の戦火を免れた首里城は2019年の火災で正殿が焼失した

・下線部(d)「南米」のペルー共和国にある『ナスカとパルパの地上絵』の説明として、正しいものはどれか。 〈 2点 〉

[**24**] ① 地上絵はアメリカの歴史学者ハイラム・ビンガムによって発見された
② この地域は年間降水量が少ないため、絵が消えずに残った
③ 残っている地上絵は幾何学文様のものに限られている
④ 2000年以降は新しい地上絵は発見されていない

・下線部(e)「サンティアゴ・デ・コンポステーラ」に関し、巡礼路の目的地であるサンティアゴ・デ・コンポステーラで祀られている人物として、正しいものはどれか。 〈 2点 〉

[**25**] ① 聖ヤコブ
② 聖ペテロ
③ 聖マルコ
④ 聖パウロ

・下線部(f)「熊野古道」を含む『紀伊山地の霊場と参詣道』に関し、次の英文の空欄に当てはまる「巡礼路」を意味する単語として、正しいものはどれか。〈 1点 〉

> The property consists of three sacred sites in the Kii Mountain Range and the (　　　) to link those sites, which reflects the religious fusion of Shintoism and Buddhism.

[26] ① spiritual paths　② pilgrimage routes
③ religious roads　④ worship streets

・下線部(g)「教授」に関し、ドイツの大学で神学の教授を務めたマルティン・ルターゆかりの地が『アイスレーベンとヴィッテンベルクのルター記念建造物群』として世界遺産に登録されている。カトリック教会の贖宥状販売への批判として、ルターがヴィッテンベルク城の付属聖堂に貼り出したものとして、正しいものはどれか。〈 1点 〉

[27] ① 法の精神　② 権利章典
③ 95ヵ条の論題　④ 社会契約論

▶特徴的な建造物を含む遺産に関する、以下の問いに答えなさい。

・『日光の社寺』に関し、寛永の大造替以後の東照宮の本社の建築様式として、正しいものはどれか。〈 2点 〉

[28] ① 両流造り　② 権現造り
③ 寝殿造り　④ 書院造り

・『古都京都の文化財』の構成資産として、正しくないものはどれか。〈 1点 〉

[29]

① 清水寺

② 二条城

③ 延暦寺

④ 平城宮跡

3級問題
4級問題
2023年3月検定

・『百舌鳥・古市古墳群』に関する次の文中の空欄に当てはまる語句として、正しいものはどれか。〈 2点 〉

[百舌鳥エリアにある仁徳天皇陵古墳（大仙古墳）は、全長約486 m、高さ約35.8 mに及ぶ日本最大規模の（　　　）である。]

[**30**]　① 帆立貝形墳　② 前方後円墳
③ 円墳　④ 方墳

・『サンクト・ペテルブルクの歴史地区と関連建造物群』に関し、元は冬宮として築かれた建物として、正しいものはどれか。〈 2点 〉

[**31**]　① エルミタージュ美術館
② ルーヴル美術館
③ ウフィツィ美術館
④ メトロポリタン美術館

▶産業にまつわる遺産に関する、以下の問いに答えなさい。

・『富岡製糸場と絹産業遺産群』に関し、明治政府が富岡製糸場の建設や最新の器械製糸技術の導入などをはかるために雇い入れた人物として、正しいものはどれか。〈 2点 〉

[**32**]　① ギュスターヴ・エッフェル
② ヨーン・ウッツォン
③ トーマス・グラバー
④ ポール・ブリュナ

・『白川郷・五箇山の合掌造り集落』に関し、白川郷で行われていた地場産業として、正しいものはどれか。〈 1点 〉

[**33**]　① 金箔の生産　② 塩硝の生産
③ 鉄器の製造　④ 団扇（うちわ）の製作

・『石見銀山遺跡とその文化的景観』に関し、16世紀に朝鮮半島から導入され、良質な銀の大量生産を可能にした銀精錬技術として、正しいものはどれか。〈 2点 〉

[**34**]　① アマルガム法　② 電解法
③ 灰吹法　④ 蒸留法

▶**思想や信仰にまつわる遺産に関する次の文章を読んで、以下の問いに答えなさい。**

歴史に偉大な足跡を残した人物にまつわる場所は、聖地として人々の信仰の対象になっている。平清盛が篤い信仰をよせた（a）『厳島神社』もそのひとつであり、自然と一体になった景観が神聖で美しい。（b）『アジャンターの石窟寺院群』ではアジアの仏教美術の源流をみることができる。ユーラシア大陸各地を支配した（c）チンギス・ハンゆかりの山も、聖なる山として敬われている。ブッダにまつわる遺構は各地にあるが、今なお多くの人が訪れる（d）『曲阜の孔廟、孔林、孔府』は、儒学の始祖である孔子ゆかりの遺構である。

・下線部（a）「厳島神社」の社殿の背後にある山として、正しいものはどれか。〈 2点 〉

[35]
① 弥山
② 二荒山
③ 比叡山
④ 吉野山

・下線部（b）「アジャンターの石窟寺院群」の説明として、正しくないものはどれか。〈 2点 〉

[36]
① 断崖に30以上の石窟が並ぶ
② ミャンマー最古の仏教壁画が残っている
③ 蓮華手菩薩は法隆寺金堂の壁画に影響を与えたとされる
④ 唐の玄奘（げんじょう）はアジャンターを訪れた時の様子を『大唐西域記』に記している

・下線部（c）「チンギス・ハン」に関し、次の3つの文から推測される世界遺産として、正しいものはどれか。〈 2点 〉

— モンゴル国の世界遺産である
— この地では古くから山岳やオボーと呼ばれる石塚への信仰があり、シャーマニズムと仏教が融合した祭事が行われてきた
— モンゴル帝国初代皇帝チンギス・ハンは、この地で生まれ、没したと信じられている

[37]
① ラサのポタラ宮歴史地区
② シルク・ロード：長安から天山回廊の交易網
③ 文化交差路サマルカンド
④ グレート・ブルカン・カルドゥン山と周辺の聖なる景観

・下線部(d)「曲阜の孔廟、孔林、孔府」の位置として、正しいものを次の地図中より選びなさい。

〈 2点 〉

[38]

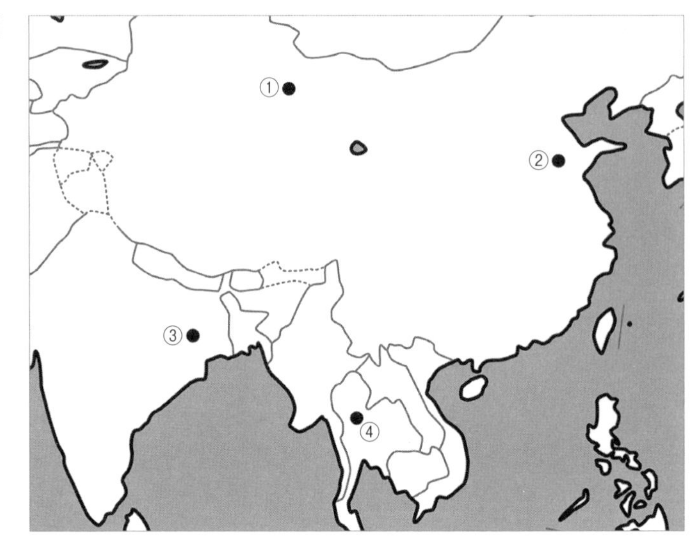

▶ **多様な生態系がみられる遺産に関する、以下の問いに答えなさい。**

・『小笠原諸島』で高い固有率を誇る陸産貝類の代表種として、正しいものはどれか。 〈 2点 〉

[39] ① グリーンアノール属
② ヤドカリ属
③ カタマイマイ属
④ ダンゴムシ属

・『知床』に関する次の文中の空欄に当てはまる語句として、正しいものはどれか。 〈 1点 〉

『知床』では豊かな自然を保護するため、(　　　)を手本として、市民の寄付によって土地を買い取る「しれとこ100平方メートル運動」が展開された。

[40] ① エコツーリズム運動
② グリーンベルト運動
③ スロー・フラワー運動
④ ナショナル・トラスト運動

・『白神山地』に生息する、日本の特別天然記念物にも指定されている動物として、正しいものはどれか。 〈 2点 〉

[**41**]

① セーブルアンテロープ

② ニホンカモシカ

③ ヤンバルクイナ

④ ユキヒョウ

・世界で唯一淡水に生息するアザラシがみられる世界遺産として、正しいものはどれか。 〈 2点 〉

[**42**] ① バイカル湖
② 中央アマゾン自然保護区群
③ ガラパゴス諸島
④ グレート・バリア・リーフ

・『セレンゲティ国立公園』で、雨季が終わる6月ごろにみられる現象として、正しいものはどれか。 〈 1点 〉

[**43**] ① 巨大な砂嵐が発生する
② 草食動物が水と食料を求めて大移動する
③ 数日だけ砂漠に花畑が出現する
④ バッタ類が大量発生して空を覆い尽くす

▶文化財の修復に携わるナオトが恩師に送った手紙を読んで、以下の問いに答えなさい。

コイケ先生へ

先生、お元気でいらっしゃいますか。最近は、コロナ禍も収束ムードで、海外も行きやすくなりましたね。僕も海外に出かける機会が増えてきました。

先日、(a)エチオピアのアディスアベバで文化財保存の国際シンポジウムがありました。参加していた(b)ICOMOSの理事にコイケ先生の話をしたらお知り合いだったようで、あれよあれよという間に(c)ボロブドゥール寺院の調査・(d)修復事業に参加できることになりました。

5年前、修士論文のデータが飛んだ時は、もうダメだと思いましたが、先生のPCにバックアップがされていたおかげで間に合わせることができました。今回も先生の人脈のおかげです。ありがとうございました。

そういえば、あの時「卒業を1年遅らせる」という(e)悪魔のような提案をしてきた後輩ヒロキは、博士課程修了後、(f)沖ノ島で出土した文化財の修復に携わっているそうです。時間はかかるけれど、やりがいがあると話していました。

ところで、先生がコロナ禍以前に携わっていた、タリバン政権に爆破された『(50)』の修復作業も再開していますか？　よろしければ、近況をお伺いしたいと思っております。今度、研究室にお邪魔させてください。

それではまた、ご連絡させていただきます。時節柄、どうかお身体を大事になさってください。

ナオトより

・下線部(a)「エチオピア」にある『アワッシュ川下流域』で骨格が見つかった人類として、正しいものはどれか。 〈 1点 〉

[44] ① ネアンデルタール人
② クロマニョン人
③ アウストラロピテクス・アファレンシス
④ ジャワ原人

・下線部(b)「ICOMOS」の説明として、正しいものはどれか。 〈 2点 〉

[45] ① 各国の暫定リストを作成する
② ユネスコの世界遺産センターに推薦された自然遺産の専門調査を行う
③ 正式名称は「国際連合教育科学文化機関」である
④ 文化財の保存方法に詳しい専門家や団体で構成される非政府組織である

・下線部(c)「ボロブドゥール寺院」を含む『ボロブドゥールの仏教寺院群』に関し、寺院の回廊の壁面に刻まれているものとして、正しいものはどれか。 〈 2点 〉

[46] ① ラーマーヤナ ② ブッダの一生や教え
③ 乳海攪拌(にゅうかいかくはん) ④ 海印三昧(かいいんざんまい)

・下線部(d)「修復」に関し、世界遺産登録時に重要視される概念で、「建造物や景観などが、その文化がもつ独自性や伝統、技術を継承しており、修復時には伝統的な技術や部材が使用されていること」を表す語句として、正しいものはどれか。〈 2点 〉

[47] ① 統一性 ② 完全性
③ 真正性 ④ 絶対性

・下線部(e)「悪魔」に関し、『イグアス国立公園』の最奥部に流れる「悪魔ののど笛」という意味の滝として、正しいものはどれか。〈 2点 〉

[48] ① アルゲ・バム
② ガルガンタ・デル・ディアブロ
③ フォロ・ロマーノ
④ テンプロ・マヨール

・下線部(f)「沖ノ島」に関し、『「神宿る島」宗像・沖ノ島と関連遺産群』は3つの要素で構成される8資産から成る。3つの要素として、正しくないものはどれか。〈 1点 〉

[49] ① 沖ノ島 ② 宗像大社
③ 浄土庭園群 ④ 古墳群

・文中の空欄(50)に当てはまる世界遺産として、正しいものはどれか。〈 2点 〉

[50] ① バビロン
② ラリベラの岩の聖堂群
③ エルサレムの旧市街とその城壁群
④ バーミヤン渓谷の文化的景観と古代遺跡群

▶ **危機遺産に関する、以下の問いに答えなさい。**

・危機遺産の説明として、正しいものはどれか。〈 1点 〉

[51] ① 危機遺産リストの正式名称は「登録削除の危機にある世界遺産リスト」である
② 危機遺産と公表された遺産には、世界遺産基金の活用は認められない
③ 危機遺産をもつ国や地域には罰金が科される
④ 危機遺産リストに記載されることなく、世界遺産リストから削除されることがある

・川に橋を架ける計画が歴史的景観を損なうとして2006年に危機遺産リストに記載された後、橋の建設が実行されたため、2009年に世界遺産リストから削除された遺産として、正しいものはどれか。 〈2点〉

[**52**] ① リヴァプール海商都市
② ヴェネツィアとその潟
③ ドレスデン・エルベ渓谷
④ ハンザ都市リューベック

・『伝説の都市トンブクトゥ』の説明として、正しくないものはどれか。 〈1点〉

[**53**] ① マリ帝国統治下の13世紀、金の交易地として栄えた
② ソンガイ帝国のもと、マドラサと呼ばれる高等教育機関が置かれた
③ サンコーレ・モスクにはアフリカ最初といわれる大学が設置された
④ ダムの建設計画により街が水没する恐れがあり、危機遺産リストに記載された

・『ウィーンの歴史地区』に関する次の文中の空欄に当てはまる語句として、正しいものはどれか。 〈2点〉

[17〜18世紀にかけて建てられたバロック様式の代表例が(　　　)だが、ここから見渡せる範囲内で高層ビル建設の計画が進められていた。その後、目立った改善が見られなかったため、2017年に危機遺産リストに記載された。]

[**54**] ① ベルヴェデーレ宮殿
② ドゥカーレ宮殿
③ サンスーシ宮殿
④ シェーンブルン宮殿

▶争いや戦争にまつわる遺産に関する、以下の問いに答えなさい。

・『ピサのドゥオーモ広場』に関し、1063年に海洋都市ピサがイスラム軍を破った戦いとして、正しいものはどれか。 〈2点〉

[**55**] ① クリミア戦争
② パレルモ沖海戦
③ ペルシア戦争
④ ミッドウェー海戦

・『長崎と天草地方の潜伏キリシタン関連遺産』に関し、キリシタンたちが天草四郎を総大将として、幕府軍と争った戦いとして、正しいものはどれか。 〈1点〉

[56] ① 島原・天草一揆 ② 山城国一揆
③ 応仁の乱 ④ 壬申の乱

・第二次世界大戦中に起きた、ユダヤ人などの大量虐殺の現場となった収容所が『アウシュヴィッツ・ビルケナウ:ナチス・ドイツの強制絶滅収容所(1940-1945)』として世界遺産に登録されている。ナチス・ドイツによって組織的に行われた大量虐殺の名称として、正しいものはどれか。 〈1点〉

[57] ① 大シスマ ② レコンキスタ
③ ホロコースト ④ アパルトヘイト

・『アウシュヴィッツ・ビルケナウ:ナチス・ドイツの強制絶滅収容所(1940-1945)』のような遺産を「負の遺産」という。「負の遺産」の説明として、正しいものはどれか。 〈1点〉

[58] ① 世界遺産条約で正式に定義されているものである
② 戦争や紛争にまつわるものと、環境破壊にまつわるものの2つに大別される
③ 登録基準(vi)のみで登録されることがある
④「負の遺産」をもつ国や地域には罰則規定が設けられている

・『ドゥブロヴニクの旧市街』に関し、1990年代に勃発し、街の建造物の7割近くを破壊した内戦として、正しいものはどれか。 〈2点〉

[59] ① コソボ内戦
② ユーゴスラヴィア内戦
③ ルワンダ内戦
④ シリア内戦

・2022年に開催予定だった第45回世界遺産委員会に関する次の文中の空欄に当てはまる国名として、正しいものはどれか。 〈2点〉

> 第45回世界遺産委員会は、(　　　)で開催予定だったが、ウクライナへの侵攻によって、無期限延期となった。2023年1月時点で、議長国をサウジアラビア王国に変更して開催する予定である。

[60] ① スウェーデン王国
② ポーランド共和国
③ トルコ共和国
④ ロシア連邦

過去問題 3級

2023年7月	実施

認定率・講評

〈 集計データ 〉

最高点	最低点	平均点	認定点	受検者数	認定者数	認定率
100点	27点	82.5点	60点	528人	486人	92.0%

〈 得点分布図 〉

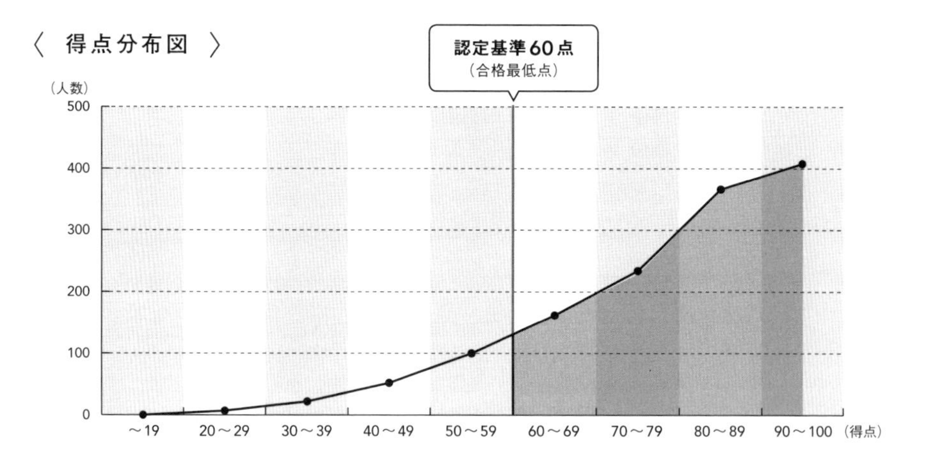

— 講評 —

平均点は82.5点、認定率は92.0％で、2020年9月以来の高い認定率となりました。第45回世界遺産委員会に関する大問は、時事問題にもかかわらず正答率が9割近い設問が多く、よく学習されていました。2024年7月の世界遺産委員会では、「佐渡島(さど)の金山」が審議予定です。開催国だけでなく委員会の内容も問われる可能性があるため、ニュースや世界遺産検定のSNSなどを随時チェックしておきましょう。一方、「ノルウェー西部のフィヨルド」など、遺産名を問う設題で正答率が低くなりました。遺産名（またはその一部）を問う問題はほぼ毎回登場します。赤太字や黒太字と併せて覚えましょう。

▶ **世界遺産条約に関する次の文章を読んで、以下の問いに答えなさい。**

世界遺産とは、(a)世界遺産条約に基づいて「(　3　)」をもつ自然や文化財を国際的に保護するものである。世界遺産条約が採択されたのは1972年の第17回ユネスコ総会で、1978年には12件の遺産が(b)最初の世界遺産として登録された。この条約は、現在では世界最大規模の国際条約となっている。

・下線部(a)「世界遺産条約」の説明として、正しいものはどれか。〈2点〉

[1] ① 正式名称を「世界の歴史的遺産及び生物多様性の保護に関する条約」という
② 「文化」と「自然」を、初めてひとつの条約の中で保護するものである
③ 遺産の保護・保全の義務と責任はユネスコにあるとしている
④ 遺産の保護が不適切な場合の罰則規定が設けられている

・同じく「世界遺産条約」に関し、その理念が誕生するきっかけとなった、1960年にエジプトで始まった出来事として、正しいものはどれか。〈2点〉

[2] ① ツタンカーメン王墓の発掘　② エジプト考古学博物館の建設
③ スエズ運河の拡張工事　④ アスワン・ハイ・ダムの建設

・文中の空欄(　3　)に当てはまる語句として、正しいものはどれか。〈2点〉

[3] ① 比類無き美的価値　② 無二の独創的価値
③ 顕著な普遍的価値　④ 卓越した歴史的価値

・下線部(b)「最初の世界遺産」に登録された遺産として、正しいものはどれか。〈2点〉

[4] ① グレート・バリア・リーフ　② ガラパゴス諸島
③ カナディアン・ロッキー山脈国立公園群　④ 始皇帝陵と兵馬俑坑

▶ **世界遺産の申請・登録に関する次の文章を読んで、以下の問いに答えなさい。**

(a)世界遺産の申請には、いくつかの条件が必要である。それらの条件を満たした遺産は(b)世界遺産センターに推薦され、決められた手順を経た後に、(c)世界遺産委員会で世界遺産リストへの登録の可否が決定される。

・下線部(a)「世界遺産の申請」に必要な条件として、正しくないものはどれか。〈2点〉

[5] ① 遺産をもつ国がユネスコの加盟国であること
② 遺産を保有する国自身から申請があること
③ 遺産が不動産であること
④ あらかじめ各国の暫定リストに記載されていること

・下線部(b)「世界遺産センター」に推薦された遺産は、専門機関による調査を受ける。その専門機関のうち、自然遺産の専門調査を行う組織の略称として、正しいものはどれか。〈2点〉

[6] ① ICOMOS ② IOC ③ OECD ④ IUCN

・下線部(c)「世界遺産委員会」の委員国数として、正しいものはどれか。〈2点〉

[7] ① 9ヵ国 ② 17ヵ国
③ 21ヵ国 ④ 33ヵ国

▶日本で最初に登録された世界遺産に関する次の文章を読んで、以下の問いに答えなさい。

日本は世界遺産条約の採択から20年後の(a)1992年に締約国となった。その翌年、(b)『屋久島』、(c)『法隆寺地域の仏教建造物群』、(d)『姫路城』、(e)『白神山地』の4件が初めて世界遺産に登録された。2023年5月時点では(13)件が登録されている。

・下線部(a)「1992年」に関し、日本が世界遺産条約を締結した1992年は、国際協調で大きな動きがあった年である。この年、ブラジル連邦共和国のリオ・デ・ジャネイロで開催された国際会議として、正しいものはどれか。〈1点〉

[8] ① ポツダム会談 ② 地球サミット
③ コンスタンツ公会議 ④ ヤルタ会談

・下線部(b)「屋久島」に関する説明として、正しいものはどれか。〈2点〉

[9] ① 植物の水平分布がみられる点が評価された
② カタマイマイ属などの陸産貝類が高い固有率を誇る
③ 1966年に発見された島最大のスギは弥生杉と名づけられた
④ 20世紀初頭から保護活動が行われ、1980年には生物圏保存地域(ユネスコエコパーク)に指定された

・下線部(c)「法隆寺地域の仏教建造物群」に関する次の文中の語句で、正しいものはどれか。〈2点〉

『法隆寺地域の仏教建造物群』は、7〜8世紀にかけてつくられた現存する世界最古の(① 木造建造物群)である。遺産のある斑鳩(いかるが)では、7世紀前半に仏教を中心とする(② 天平文化)が開花した。法隆寺は、厩戸王(聖徳太子)と(③ 桓武天皇)が建立した若草伽藍を起源とする。西院伽藍には回廊に囲まれた金堂や五重塔が立ち並び、回廊の円柱は(④ ヴォーバン式)といわれる中央がふくらんだ形になっている。

[10] ① 木造建造物群 ② 天平文化
③ 桓武天皇 ④ ヴォーバン式

・下線部(d)「姫路城」に関し、1600年の関ヶ原の戦い後に城主となり、9年に及ぶ城の大改修を行って現在の姿に整えた人物として、正しいものはどれか。 〈1点〉

[**11**] ① 豊臣秀吉
② 池田輝政
③ 徳川家光
④ 坂上田村麻呂

・下線部(e)「白神山地」の説明として、正しくないものはどれか。 〈2点〉

[**12**] ① 青森県と秋田県にまたがる世界遺産である
② 一帯では、現在もきわめて速いスピードで隆起が続いている
③ ブナを中心とする落葉樹からなる原生林である
④ 特別天然記念物のイリオモテヤマネコが生息している

・文中の空欄(13)に当てはまる数として、正しいものはどれか。 〈1点〉

[**13**] ① 9 ② 18
③ 25 ④ 31

▶先史時代の遺産に関する、以下の問いに答えなさい。

・『アワッシュ川下流域』に関し、1974年にみつかった約350万年前の人類の化石として、正しいものはどれか。 〈2点〉

[**14**] ① ジャワ原人 ② アウストラロピテクス・アファレンシス
③ 北京原人 ④ ネアンデルタール人

・『北海道・北東北の縄文遺跡群』に関し、青森市郊外に位置し、竪穴住居などの建築物跡を含む大規模集落跡が残る構成資産として、正しいものはどれか。 〈1点〉

[**15**] ① 三内丸山遺跡 ② 大森貝塚
③ 吉野ヶ里遺跡 ④ 登呂遺跡

・『タスマニア原生地帯』に関し、オーストラリア連邦のタスマニア島には、ステンシルという技法で描かれた1万年以上前の岩絵が残る。この岩絵を描いた先住民として、正しいものはどれか。 〈1点〉

[**16**] ① マオリ ② マサイ族
③ 長耳族 ④ タスマニア・アボリジニ

・スペインのアルタミラにある洞窟壁画にまつわる世界遺産に関し、次の文中の空欄に当てはまる語句として、正しいものはどれか（２ヵ所の空欄には同じ語句が入る）。〈２点〉

［ スペイン北部のアルタミラには、（　　　）のクロマニョン人によって描かれた彩色壁画が残る。この洞窟壁画は『アルタミラ洞窟とスペイン北部の（　　　）洞窟壁画』として世界遺産に登録されている。 ］

［ **17** ］ ① 青銅器時代
② 先カンブリア時代
③ 旧石器時代
④ ルネサンス

▶ **写真家のフミヤが、先輩のリュウジに送った手紙を読んで、以下の問いに答えなさい。**

リュウジ先輩へ

先輩、お元気ですか？　異動先の高校で写真部の顧問をしておられるそうですね。高校時代、先輩からカメラの基礎を教わったことを思い出します。

さて、このたび「世界の（a）夏」をテーマに写真展を開催することになりました。

今回は世界各地の「夏」を感じられるような写真を中心に展示しています。これらは全て（b）2015年から続けてきた世界一周旅行中に撮影したものです。それぞれの土地の空気感がよく伝わる写真を厳選しました。その場所を訪れたことがある人とない人で見方や感じ方の変わる写真ばかりなので、面白いと思いますよ。日本の（c）盆踊りや（d）ベトナムのダナン国際花火大会といった夏の行事の写真もあり、旅行記としても楽しんでいただけると思います。ご都合がつきましたら、ぜひお立ち寄りください。

開催期間中は午後から会場におります。お目にかかれますことを楽しみにしております。

場所：東京都台東区（e）上野〇丁目×番地△号　（f）タージ・マハル・ビル３階
日時：2023年7月1日（土）～8月31日（木）（水曜・（g）土曜 休み）10時～17時

フミヤより

・下線部(a)「夏」に関する次の文中の空欄に当てはまる語句として、正しいものはどれか。
〈 2点 〉

［『ラサのポタラ宮歴史地区』にあるノルブリンカは、ポタラ宮で暮らした歴代のチベット仏教の最高指導者(　　　)が夏の離宮とした場所である。］

[18]　① フリ・モアイ
② アフラ・マズダー
③ ダライ・ラマ
④ ツァーリ

・下線部(b)「2015年」に世界遺産に登録された『明治日本の産業革命遺産　製鉄・製鋼、造船、石炭産業』に関し、幕末期に来日して日本に西洋の石炭採掘技術を導入した人物(　A　)と、その人物によって日本で初めて蒸気機関を用いた採掘が行われた場所(　B　)の組み合わせとして、正しいものはどれか。
〈 2点 〉

[19]　① A. トーマス・グラバー — B. 松下村塾
② A. トーマス・グラバー — B. 高島炭坑
③ A. ギュスターヴ・エッフェル — B. 松下村塾
④ A. ギュスターヴ・エッフェル — B. 高島炭坑

・同じく『明治日本の産業革命遺産　製鉄・製鋼、造船、石炭産業』のように、文化や歴史的背景、自然環境などが共通する複数の構成資産を、全体で「ひとつの世界遺産」として登録することがある。このような遺産登録における概念として、正しいものはどれか。〈 1点 〉

[20]　① ユニバーサル・サイト
② ボーダレス・サイト
③ シリアル・ノミネーション・サイト
④ ユナイテッド・サイト

・下線部(c)「盆踊り」に関し、日本の民俗芸能である「盆踊り」や日本の歴史的な建造物を守るための「伝統建築工匠の技」、室町時代から600年以上演じられてきた「能楽」のように、形をもたない「生きた文化」を保護するために2003年に採択された条約として、正しいものはどれか。〈 2点 〉

[21]　① 無形文化遺産保護条約
② ラムサール条約
③ 万国著作権条約
④ ワシントン条約

・下線部(d)「ベトナム」に関し、『フエの歴史的建造物群』の位置として、正しいものを次の地図中より選びなさい。 〈 1点 〉

[22]

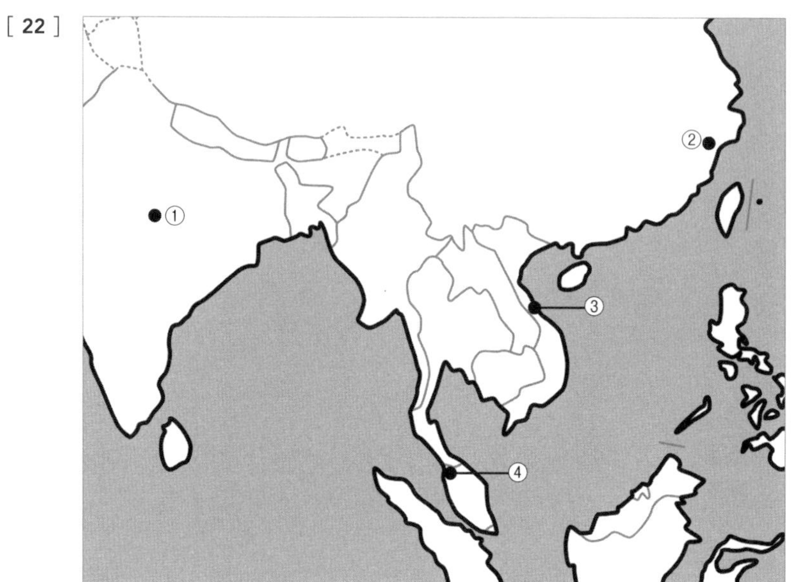

・下線部(e)「上野」にある国立西洋美術館は、20世紀を代表する建築家ル・コルビュジエの作品で、『ル・コルビュジエの建築作品：近代建築運動への顕著な貢献』として世界遺産に登録されている。作品群にみられる、建物の一階部分の柱で床を支える建築様式として、正しいものはどれか。 〈 2点 〉

[23] ① ドルメン
② マドラサ
③ ピロティ
④ メンヒル

・下線部 (f)「タージ・マハル」に関し、世界遺産『タージ・マハル』の説明として、正しいものはどれか。 〈 2点 〉

[24] ① サファヴィー朝のアッバース1世によって建設された
② ムムターズ・マハルの霊廟である
③ 広大な敷地に黒大理石で建てられている
④ ドーム内の天井にはイコンと呼ばれるキリスト教のモザイク画がある

・下線部(g)「土曜」に関し、金曜の日没から土曜の日没までを安息日とするユダヤ教は、『エルサレムの旧市街とその城壁群』にある紀元前1世紀に築かれたエルサレム神殿の遺構を聖地とする。その聖地として、正しいものはどれか。〈2点〉

[25] ① ピサの斜塔
② ゴアの聖堂
③ 嘆きの壁
④ 奴隷の家

▶古代ローマ帝国と関連のある遺産に関する、以下の問いに答えなさい。

・『ローマの歴史地区と教皇領、サン・パオロ・フォーリ・レ・ムーラ聖堂』に関し、ローマが帝政になる前から市民生活の中心の場としてにぎわい、演説や集会、祭りなどが行われていた場所として、正しいものはどれか。〈2点〉

[26] ① アゴラ
② フォロ・ロマーノ
③ ストゥーパ
④ テンプロ・マヨール

・次の3つの説明文から推測される世界遺産として、正しいものはどれか。〈2点〉

— 街の名前は、前3世紀に川の中州にある島に住み始めたケルト系の人々のことを、ローマ人が「パリシイ(田舎者・乱暴者)」と呼んだことに由来する
— 10〜14世紀のカペー朝時代にはフランス王国の都として発展し、ノートル・ダム大聖堂が建てられた
— 19世紀後半のナポレオン3世の治世には、県知事のオスマンによって、街が大改造された

[27] ① パリのセーヌ河岸
② ヴェルサイユ宮殿と庭園
③ ピサのドゥオーモ広場
④ リヨンの歴史地区

・『ヌビアの遺跡群:アブ・シンベルからフィラエまで』に関し、プトレマイオス朝時代にフィラエ島に築かれ、全盛期のローマ皇帝たちによって、キオスクやアーチ状の門が増設された神殿として、正しいものはどれか。〈1点〉

[28] ① パルテノン神殿
② アポロン神殿
③ アルテミス神殿
④ イシス神殿

・『イスタンブルの歴史地区』に関し、ローマ帝国は2世紀末にこの地を支配し、都をローマから移した。その後に改称された都市名として、正しいものはどれか。〈2点〉

[**29**]　① カルカッソンヌ
② サマルカンド
③ コンスタンティノープル
④ アランフエス

▶ **浸食作用で生まれた特異な地形を含む遺産に関する、以下の問いに答えなさい。**

・風化や浸食により形成された巨大岩石群を含む『ウルル、カタ・ジュタ国立公園』に関する説明として、正しいものはどれか。〈2点〉

[**30**]　① 一帯は先住民のイフガオ族の聖地である
② 文化的景観の概念が世界で初めて認められた遺産である
③ ウルルには現在も登頂することができる
④ ウルルは世界で2番目に巨大な一枚岩である

・水流によって川底が浸食され、滝の位置が上流に移動している『ヴィクトリアの滝(モシ・オ・トゥニャ)』に関する次の文中の空欄に当てはまる語句として、正しいものはどれか。〈2点〉

> 『ヴィクトリアの滝(モシ・オ・トゥニャ)』の一帯は、雨季と乾季を繰り返す(　　　)に属するにもかかわらず、400種類以上の植物が生育する。さらに、水や植物を求めてカバや鳥類などの動物も数多く暮らしている。

[**31**]　① 地中海性気候
② ツンドラ気候
③ サバナ気候
④ ステップ気候

・スカンジナビア半島のノルウェー西岸には、氷河の浸食作用によって生じたフィヨルドが500kmにわたって連なる。「ノルウェー西部のフィヨルド」として世界遺産に登録されている2つのフィヨルドの組み合わせとして、正しいものはどれか。〈1点〉

[**32**]　① ガイランゲル — ネーロイ
② ガイランゲル — アレッチュ
③ ユングフラウ — ネーロイ
④ ユングフラウ — アレッチュ

・『グランド・キャニオン国立公園』に関し、大地の岩肌を約600万年にわたって浸食し続けている川として、正しいものはどれか。 〈 2点 〉

[33] ① エルベ川
② コロラド川
③ アマゾン川
④ ドナウ川

▶豪雪地帯や多雨地帯にある遺産に関する次の文章を読んで、以下の問いに答えなさい。

日本有数の豪雪地帯にある（a）『白川郷・五箇山の合掌造り集落』は、自然環境に合わせて独自の工夫が施された家屋がみられる。豊かな雨が育んだ深い森林にある（b）『紀伊山地の霊場と参詣道』は、神仏が宿る場所として多様な信仰の聖地となった。（c）『奄美大島、徳之島、沖縄島北部及び西表島』は、常緑広葉樹が広がる亜熱帯多雨林に貴重な固有種が生息する。

・下線部（a）「白川郷・五箇山の合掌造り集落」に関し、この地域一帯で行われていた産業として、正しくないものはどれか。 〈 2点 〉

[34] ① 養蚕
② 紙漉（す）き
③ 塩硝の生産
④ 銀生産

・下線部（b）「紀伊山地の霊場と参詣道」の説明として、正しくないものはどれか。 〈 2点 〉

[35] ① 熊野三山は神仏習合により阿弥陀信仰や浄土信仰と結びついて霊場となった
② 『石見銀山遺跡とその文化的景観』に続き、日本で２番目に「文化的景観」の概念が認められた
③ 紀伊山地の霊場は「吉野・大峯」「熊野三山」「高野山」の３つの霊場からなる
④ 大峯奥駈道を踏破する「奥駈」は修験道で重要な修行とされる

・下線部（c）「奄美大島、徳之島、沖縄島北部及び西表島」に関し、奄美大島と徳之島にのみ生息する固有種として、正しいものはどれか。 〈 1点 〉

[36] ① アマミノクロウサギ
② ニホンカモシカ
③ クマゲラ
④ ヤクザル

３級問題
４級問題
2023年7月検定

▶上野を散策するアカリとミホの会話を読んで、以下の問いに答えなさい。

アカリ：「古代メキシコ展」面白かった〜。展示品も多くて見応えがあったわ。

ミ　ホ：古代遺跡を体感できる展示もよかったね。さて、映画までだいぶ時間があるから、上野公園を散策しよっか。

アカリ：上野といえば、上野(a)動物園！　シャンシャン、元気にしてるかなぁ。

ミ　ホ：２月に中国の(b)四川省の施設に返還されたね。アカリは成田空港まで見送りに行ったんだっけ。

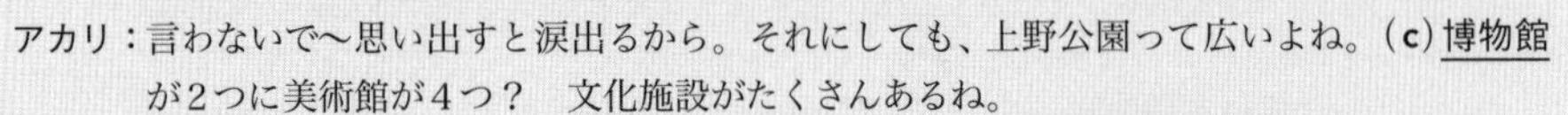

アカリ：言わないで〜思い出すと涙出るから。それにしても、上野公園って広いよね。(c)博物館が2つに美術館が４つ？　文化施設がたくさんあるね。

ミ　ホ：元はお寺の境内なんだって。確か、この道を右に行くと(d)東照宮や五重塔もあるよ。まっすぐ行くと(e)古墳や顔しか残っていない(f)大仏もあったはず。

アカリ：顔しか残っていない大仏って……えーっ！？　本当に顔だけなんだ！　なになに、「これ以上落ちないということで受験生に人気です」だって！　世界遺産検定の合格祈願しておこう！

ミ　ホ：ご利益ありそうね。この特徴的な建物は「パゴダ」と呼ばれるミャンマー様式の仏塔よ。そういえば、上野動物園のパンダ舎の近くには、日本と(g)タイの友好を記念したタイ風の東屋があったよね。

アカリ：ああ、あのきらびやかなやつ！　ミャンマーにタイ……上野公園には東南アジアと縁があるものが多いんだね。さあ、合格祈願も済んだことだし、この後どうする？　暑いから、どこかで涼んでいきたいな。

ミ　ホ：この近くの「タージ・マハル・ビル」の３階で「世界の夏」って写真展をやってるみたいよ。まだ少し時間があるから行ってみない？

・下線部(a)「動物園」に関し、「世界の動物園」と称されるほど豊かな生態系を誇る『ンゴロンゴロ自然保護区』には、火山の噴火によって形成された世界最大級のカルデラがあり、大型有蹄類や肉食哺乳類が生息している。そのカルデラの名称として、正しいものはどれか。　〈1点〉

[**37**]　① ンゴロンゴロ・ラグーン
② ンゴロンゴロ・デルタ
③ ンゴロンゴロ・バレー
④ ンゴロンゴロ・クレーター

・下線部(b)「四川省」に関し、『四川省のジャイアントパンダ保護区群』には、ジャイアントパンダ以外にも固有種や絶滅危惧種を含む動物が生息している。それらの一つとして、正しいものはどれか。 〈 2点 〉

[38]

① レッサーパンダ

② セーブルアンテロープ

③ マウンテンゴリラ

④ タスマニアデビル

・下線部(c)「博物館」に関し、新バビロニアの都であった『バビロン』にかつて建てられ、現在はペルガモン博物館に移築復元されている門として、正しいものはどれか。 〈 2点 〉

[39] ① 凱旋門 ② クセルクセス門
③ イシュタル門 ④ ホルステン門

・下線部(d)「東照宮」に関し、『日光の社寺』の中心的存在である東照宮は、徳川家康の神霊を祀るために建造された。家康の遺言に従って日光に東照宮を建てた人物として、正しいものはどれか。 〈 2点 〉

[40] ① 玄奘 ② 天海
③ 鑑真 ④ 孔子

・下線部(e)「古墳」に関し、『百舌鳥・古市古墳群』の説明として、正しいものはどれか。 〈 2点 〉

[41] ① 1世紀後半〜3世紀前半に築かれた古墳群である
② 仁徳天皇陵古墳(大仙古墳)は日本最大規模の帆立貝形墳である
③ 古墳の配置は、古墳時代の政治的・社会的な権力構造を示している
④ 古墳群が面する博多湾では、大陸との交易が行われていた

・下線部(f)「大仏」に関し、8世紀前半に仏教の力で国家の安定をはかろうとして、大仏建立を命じた人物(　A　)と大仏の正式名称(　B　)の組み合わせとして、正しいものはどれか。　〈1点〉

[**42**]　① A. 推古天皇 — B. 蓮華手菩薩坐像(れんげしゅぼさつざぞう)
　　　　② A. 推古天皇 — B. 盧舎那仏坐像(るしゃなぶつ)
　　　　③ A. 聖武天皇 — B. 蓮華手菩薩坐像
　　　　④ A. 聖武天皇 — B. 盧舎那仏坐像

・下線部(g)「タイ」に関し、タイ族初の王朝の都市遺跡が世界遺産に登録されている。その遺産名として、正しいものはどれか。　〈2点〉

[**43**]　① スコータイと周辺の歴史地区
　　　　② アンコールの遺跡群
　　　　③ マチュ・ピチュ
　　　　④ アジャンターの石窟寺院群

▶ メソアメリカの古代文明の遺産に関する、以下の問いに答えなさい。

・『コパンのマヤ遺跡』に関する次の文中の空欄に当てはまる語句として、正しいものはどれか。　〈1点〉

[『コパンのマヤ遺跡』のアクロポリス北側に位置するピラミッド状の神殿26には、2,200以上のブロックにマヤ文字が刻まれた(　　　)が設けられている。]

[**44**]　① 石の家
　　　　② 九層楼
　　　　③ 神聖文字の階段
　　　　④ 灌漑施設

・『メキシコ・シティの歴史地区とソチミルコ』に関し、かつてこの地にあったアステカ帝国の都として、正しいものはどれか。　〈2点〉

[**45**]　① ギザ
　　　　② サンクト・ペテルブルク
　　　　③ テノチティトラン
　　　　④ アイスレーベン

・『チチェン・イツァの古代都市』に関し、チチェン・イツァに残る遺構から分かることとして、正しいものはどれか。〈2点〉

[46] ① 人口増加により自然生態系が破壊されたこと
② 金の交易で繁栄したこと
③ オボーと呼ばれる石塚への信仰があったこと
④ 高度な天文知識を有していたこと

▶「負の遺産」に関する、以下の問いに答えなさい。

・「負の遺産」の説明として、正しくないものはどれか。〈2点〉

[47] ① 人類が犯した過ちを記憶にとどめ教訓とするものである
② 世界遺産条約で正式に定義されたものである
③ 戦争や紛争にまつわるものと人種差別にまつわるものに大別される
④ どの遺産が「負の遺産」に相当するのかは意見が分かれるものもある

・「負の遺産」と考えられている『広島平和記念碑(原爆ドーム)』の説明として、正しいものはどれか。〈1点〉

[48] ① 1945年8月15日に原子爆弾が投下された
② 廃墟となった産業奨励館は、原爆の惨事を思い出させるとして一度取り壊された
③ 広島に投下された原爆は、人類史上2回目に使用された核兵器であった
④ 登録基準(vi)のみで登録されている

・『ロベン島』に関する次の文中の空欄に当てはまる語句として、正しいものはどれか。〈2点〉

[1948年、南アフリカ共和国で(　　　)が法制化されると、『ロベン島』はこれに抵抗する政治犯を収容する刑務所として使用された。]

[49] ① アパルトヘイト
② レコンキスタ
③ ディアスポラ
④ ホロコースト

3級問題

4級問題

2023年7月検定

▶信仰にまつわる日本の遺産に関する、以下の問いに答えなさい。

・『平泉―仏国土(浄土)を表す建築・庭園及び考古学的遺跡群―』に関し、1105年に藤原清衡が再興した中尊寺にある、創建当初のまま残る唯一の建造物として、正しいものはどれか。 〈1点〉

[50] ① 法華堂 ② 夢殿 ③ 金色堂 ④ 三重塔

・『富士山―信仰の対象と芸術の源泉』に関し、歴史的に噴火を繰り返してきた富士山は、古くから恐ろしくも神秘的な山として、信仰の対象とされてきた。富士山のように、同じ火口から度重なる噴火によって溶岩や火山灰などが積み重なってできた円錐形に近い火山の名称として、正しいものはどれか。 〈1点〉

[51] ① 楯状火山 ② 成層火山 ③ 側火山 ④ 溶岩ドーム

・『古都京都の文化財』に関する次の文中の語句で、正しいものはどれか。 〈2点〉

[京都は794年の(① 平城京遷都)から明治維新で東京に遷都される1869年まで、1,000年以上にわたり日本の政治・文化の中心地であった。(② 慈照寺(銀閣寺))を建立した足利義政の後継者争いに端を発する(③ 島原・天草一揆)の戦火や、火災によって、多くの寺院が焼失したが、その度に時の権力者や京都の人々によって、創建当初の姿で再建・保存されてきた。『古都京都の文化財』は(④ エリア全体)で世界遺産に登録されている。]

[52] ① 平城京遷都 ② 慈照寺(銀閣寺)
③ 島原・天草一揆 ④ エリア全体

・『厳島神社』に関し、社殿の背後にそびえ、古くから聖地とされてきた山として、正しいものはどれか。 〈2点〉

[53] ① 比叡山
② 金鶏山
③ 二荒山
④ 弥山

・『「神宿る島」宗像・沖ノ島と関連遺産群』に関する次の英文の空欄に当てはまる「航海の安全」を意味する語句として、正しいものはどれか。 〈1点〉

[In Okinoshima Island, Shinto Rituals to pray to god for( ) have been performed for about 500 years since the 4th century.]

[54] ① independence from Yamato Kingdom
② safety of voyages
③ success of revolution
④ domination of the world

▶第45回世界遺産委員会に関する次の文章を読んで、以下の問いに答えなさい。

2022年に開催予定だった（a）第45回世界遺産委員会は、ロシア連邦によるウクライナへの侵攻により無期限延期となっていた。その後、2023年1月に行われた世界遺産委員会の特別会合で、第45回世界遺産委員会は同年9月に（ **56** ）で開催されることが決定した。同会合では、（b）緊急な保護が必要とされた（c）3件の遺産が世界遺産に登録され、総遺産数は（ **59** ）件となった。この3つの遺産は、世界遺産登録と同時に（d）危機遺産リストにも記載された。

・下線部（a）「第45回世界遺産委員会」の当初の開催予定地として、正しいものはどれか。〈2点〉

[**55**] ① オーストラリア連邦　② ブラジル連邦共和国
③ ロシア連邦　④ スイス連邦

・文中の空欄（ 56 ）に当てはまる国名として、正しいものはどれか。〈2点〉

[**56**] ① サウジアラビア王国　② 中華人民共和国
③ 朝鮮民主主義人民共和国　④ カナダ

・下線部（b）「緊急な保護」に関し、地震や戦争などによって遺産に緊急な保護が必要と判断された場合、推薦書提出から登録までの正規の手順を経ずに世界遺産に登録されることがある。このような登録のプロセスとして、正しいものはどれか。〈2点〉

[**57**] ① 暫定的登録推薦　② 特例的登録推薦
③ 例外的登録推薦　④ 緊急的登録推薦

・下線部（c）「3件の遺産」に関し、新たに登録された遺産の保有国として、正しくないものはどれか。〈1点〉

[**58**] ① ウクライナ　② レバノン共和国
③ イエメン共和国　④ 日本国

・文中の空欄（ 59 ）に当てはまる数として、正しいものはどれか。〈1点〉

[**59**] ① 333　② 580
③ 1,157　④ 3,650

・下線部（d）「危機遺産」の説明として、正しいものはどれか。〈1点〉

[**60**] ① 5年以内に危機遺産から脱却しない場合は、世界遺産リストから削除される
② 危機遺産を保有する国には罰則規定が設けられている
③『ウィーンの歴史地区』は、高層ビル建設による景観悪化の恐れから、2017年より危機遺産リストに記載されている
④ 危機遺産リストに記載されずに世界遺産リストから削除された例はない

過去問題 2023年12月 実施 3級

認定率・講評

〈 集計データ 〉

最高点	最低点	平均点	認定点	受検者数	認定者数	認定率
100点	31点	77.3点	60点	468人	407人	87.0%

〈 得点分布図 〉

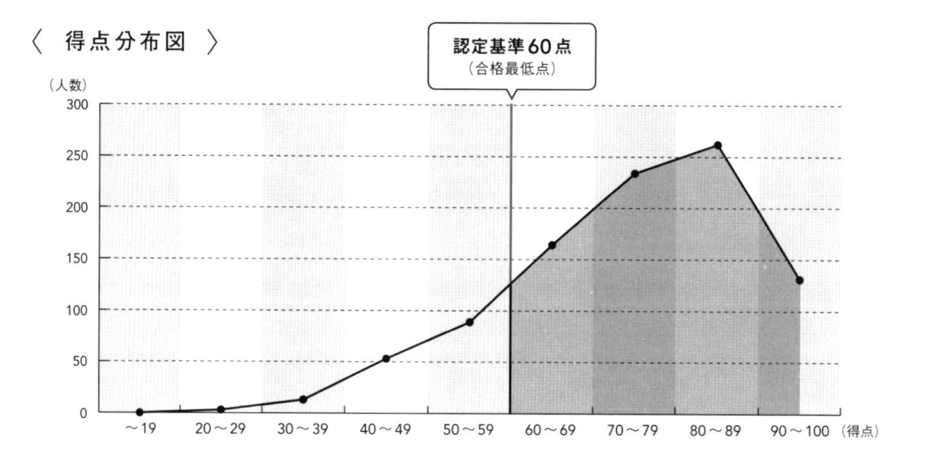

— 講評 —

平均点は77.3点、認定率は87.0％で、前回の23年7月検定よりは低下しましたが、ほぼ例年通りと言えます。最も正答率が低かった『大ジンバブエ遺跡』に関する設問は、選択肢の一部がテキストでは赤太字や太字ではなく並字で登場することなどから、難易度の高い問題でした。赤太字・太字の語句を含む文をよく読むことが、さらに得点を伸ばす鍵となります。また、「ウィーン」や「サンクト・ペテルブルク」など、構成資産や人名を問う問題では紛らわしい選択肢が登場しました。似た特徴や名前をもつ遺産は、赤太字・太字でポイントをまとめ、遺産名と紐づけておきましょう。

▶ **世界遺産条約に関する次の文章を読んで、以下の問いに答えなさい。**

(a)世界遺産とは、「人類共通の宝物」である自然や文化財を、(b)世界遺産条約に基づいて保護するものである。条約の理念が誕生するきっかけは、(c)1960年代の遺跡群救済キャンペーンであるとされる。世界遺産としての価値が危機に直面している遺産は(d)危機遺産として公表され、その価値が損なわれたと判断された場合は(e)世界遺産リストから削除される。世界遺産の登録件数でみると、(f)日本は全体の11位で、(g)初めて登録された4件を皮切りに、着実に登録件数を伸ばしている。

・下線部(a)「世界遺産」がもつ価値として、正しいものはどれか。 〈1点〉

[1] ① 卓越した独創的価値
② 比類無き歴史的価値
③ 顕著な普遍的価値
④ 唯一の文化的価値

・下線部(b)「世界遺産条約」に関し、世界遺産条約が採択された年にあった出来事として、正しいものはどれか。 〈2点〉

[2] ① 東京オリンピック開催
② アメリカでトランプ大統領誕生
③ サラエボ事件勃発(ぼっぱつ)
④ アメリカから日本への沖縄返還

・下線部(c)「1960年代の遺跡群救済キャンペーン」によって移築された遺産として、正しいものはどれか。 〈2点〉

[3] ① アブ・シンベル神殿 ② パルテノン神殿
③ コロッセウム ④ スフィンクス

・下線部(d)「危機遺産」の説明として、正しいものはどれか。 〈2点〉

[4] ① 危機遺産をもつ国には罰則規定が設けられている
② 危機遺産をもつ国は、適切な保全計画を立てて実行する必要がある
③ 世界遺産リストから削除される前には、必ず危機遺産リストに記載される
④ 5年以内に危機遺産から脱却できない場合は、世界遺産リストから削除される

・下線部(e)「世界遺産リストから削除」に関し、街の再開発が歴史的な景観を損なったために、2021年に世界遺産リストから削除された遺産として、正しいものはどれか。〈 2点 〉

[5] ① リヴァプール海商都市
② アランフエスの文化的景観
③ リヨンの歴史地区
④ シドニーのオペラハウス

・下線部(f)「日本」が世界遺産条約を締結した年として、正しいものはどれか。〈 1点 〉

[6] ① 1979年
② 1986年
③ 1992年
④ 2001年

・下線部(g)「初めて登録された4件」のひとつである『白神山地』に関し、一帯に生息する特別天然記念物として、正しいものはどれか。〈 1点 〉

[7]

① セーブルアンテロープ

② ニホンカモシカ

③ ヤンバルクイナ

④ ヤクザル

▶ **世界遺産の概念に関する、以下の問いに答えなさい。**

・「文化的景観」という概念の説明として、正しいものはどれか。 〈 2点 〉

[**8**] ① 人間の文化や社会などが周囲の自然環境や気候風土と切り離せないという考えに基づく
② 多様な民族の文化が一カ所に集まった景観である
③ 世界遺産条約が誕生した年に採択された概念である
④ 自然の要素を完全に排除した人工的な景観に認められる

・「文化的景観」が認められた遺産として、正しくないものはどれか。 〈 1点 〉

[**9**] ① フィリピンのコルディリェーラの棚田群
② 紀伊山地の霊場と参詣道
③ トンガリロ国立公園
④ シェーンブルン宮殿と庭園

・「文化的景観」が認められた『石見銀山遺跡とその文化的景観』に関する次の文中の空欄に当てはまる語句として、正しいものはどれか。 〈 1点 〉

[『石見銀山遺跡とその文化的景観』は、銀生産に直接かかわる遺産だけでなく、社会基盤整備も含めた鉱山運営の全体像や変遷を示している点が(　　　)として評価された。]

[**10**] ① 負の遺産
② 産業遺産
③ 社会遺産
④ 無形文化遺産

・文化や歴史的背景、自然環境などが共通する複数の遺産を、全体として価値をもつ「ひとつの遺産」として登録する場合の呼称として、正しいものはどれか。 〈 2点 〉

[**11**] ① シリアル・ノミネーション・サイト
② ダイバーシティ・サイト
③ ワールド・ワイド・サイト
④ ボーダーレス・サイト

▶ **世界遺産の登録・申請に関する、以下の問いに答えなさい。**

・世界遺産の申請条件のひとつである「遺産が不動産であること」に関し、不動産の一部として登録されている作品として、正しいものはどれか。〈1点〉

[12]

① サンドロ・ボッティチェリの「ヴィーナスの誕生」

② フィンセント・ファン・ゴッホの「ひまわり」

③ ヨハネス・フェルメールの「真珠の耳飾りの少女」

④ レオナルド・ダ・ヴィンチの「最後の晩餐」

・日本から推薦する世界遺産の候補を最終的に選出する機関として、正しいものはどれか。〈2点〉

[13] ① 世界遺産条約関係省庁連絡会議　② 世界遺産有識者会議
③ 世界遺産登録推薦委員会　④ 世界遺産選出委員会

・ユネスコの世界遺産センターに推薦された文化遺産の専門調査を行う機関の略称として、正しいものはどれか。〈2点〉

[14] ① IMF　② IOC
③ ICOMOS　④ IUCN

・2023年10月時点の世界遺産の登録状況として、正しいものはどれか。〈2点〉

[15] ① すべての締約国に登録物件がある
② 総遺産数は1,100件以上にのぼる
③ 地域別でみるとアジア・太平洋地域の遺産が最も多い
④ 自然遺産が全体の8割を占めている

▶ **世界遺産委員会に関する、以下の問いに答えなさい。**

・世界遺産委員会の委員国数として、正しいものはどれか。〈 1点 〉

[**16**] ① 9ヵ国
② 13ヵ国
③ 21ヵ国
④ 33ヵ国

・世界遺産委員会の審議内容として、正しいものはどれか。〈 2点 〉

[**17**] ① 世界遺産基金の使い道の決定
② 負の遺産リストへの遺産の記載や解除
③「世界の記憶」に推薦された物件の審議
④ 無形文化遺産の保護状況の報告

・2024年の世界遺産委員会に向けて日本から推薦されている遺産として、正しいものはどれか。〈 1点 〉

[**18**] ① 彦根城
② 古都鎌倉の寺院・神社ほか
③ 佐渡島(さど)の金山
④ 飛鳥・藤原の宮都とその関連資産群

・2023年の世界遺産委員会の開催国として、正しいものはどれか。〈 2点 〉

[**19**] ① 中華人民共和国
② トルコ共和国
③ ポーランド共和国
④ サウジアラビア王国

▶高校生のナツキとサトの会話を読んで、以下の問いに答えなさい。

ナツキ：もうすぐ共通テストじゃん。
サ　ト：うん。
ナツキ：この時期追い込みかけないといけないじゃん。
サ　ト：そうだね。
ナツキ：なのにさ、(a)家にある漫画の一気読みが止まらないのよ。どうしよう！
サ　ト：わかる！　あと、いつもより(b)部屋の掃除とか模様替えとかもはかどるね。この前の土日は、一日中机とベッドを(c)大移動させてたわ。
ナツキ：サトもそうなんだ。勉強以外のことに集中しがちだよね。
サ　ト：そういえば、ナツキの第一志望どこだっけ？
ナツキ：○×大学の文学部だよ。歴史とか文化人類学を学びたいんだ。サトは？
サ　ト：私は△△大学の観光学部。(d)世界遺産の保全やオーバーツーリズムに興味があるんだよね。
ナツキ：オーバーツーリズムって何？
サ　ト：観光地に観光客が増えすぎて、さまざまな弊害が起きてしまうことだよ。世界遺産の『(**24**)』は、ラグーナの上に築かれた都市なんだけど、観光客が増えすぎて地元住民の毎日の生活や、交通にも影響が出ているんだ。島への入場料を設けて、観光客を抑えようとしているらしいよ。しかも、地下水や天然ガスの採取の影響で、街が海に沈み始めていて、保全が喫緊(きっきん)の課題なんだって。
ナツキ：へえ、興味深いね。サトと話してたら何かやる気が出てきたよ。とりあえず、お正月は(e)神社に合格祈願に行かない？
サ　ト：うん、そうしよう。

・下線部(a)「家」に関し、現地の言葉で「石の家」を意味するジンバブエ共和国の『大ジンバブエ遺跡』は、大きく3つのエリアに分けられる。3つのエリアとして、正しくないものはどれか。〈 2点 〉

[**20**]　① 石窟寺院　② アクロポリス
③ 神殿　④ 谷の遺跡

・下線部(b)「部屋」に関し、『アルベロベッロのトゥルッリ』でみられる部屋の特徴として、正しいものはどれか。〈 1点 〉

[**21**]　① 10～30人の住民が暮らせるような広い床面積をもつ
② 円錐状の石屋根に部屋はひとつのみである
③ 屋根にたまった雨水が各部屋に供給されるようになっている
④ 部屋全体が陶磁器のタイルで覆われている

・下線部(c)「大移動」に関し、『セレンゲティ国立公園』の動物たちは水と食料を求め、雨季が終わるころに大移動する。マサイ語の「セレンゲティ」の意味として、正しいものはどれか。〈 2点 〉

[**22**]　① 太鼓腹の丘　② 悪魔ののど笛
③ 果てしない草原　④ 世界の母神

・下線部(d)「世界遺産の保全」に関し、世界遺産登録をめざす上で求められる概念のひとつである、「遺産の価値を証明し保護・保全するための必要条件がすべて整っていること」を示す言葉として、正しいものはどれか。〈 2点 〉

[**23**] ① 完全性　② 連続性
③ 真正性　④ 統一性

・文中の空欄(24)に当てはまる世界遺産として、正しいものはどれか。〈 2点 〉

[**24**] ① ピサのドゥオーモ広場
② モン・サン・ミシェルとその湾
③ メキシコ・シティの歴史地区とソチミルコ
④ ヴェネツィアとその潟

・下線部(e)「神社」に関し、『厳島神社』の説明として、正しいものはどれか。〈 2点 〉

[**25**] ① 平安時代末期に奥州藤原氏の篤い信仰を受けて社殿が整えられた
② 社殿背後にある男体山も世界遺産に登録されている
③ 海上に立つ大鳥居は、4本の控え柱で支える「両部鳥居」という形式である
④ 本社本殿では権現造りの形式が取り入れられている

▶ 仏教信仰にまつわる遺産に関する、以下の問いに答えなさい。

・『法隆寺地域の仏教建造物群』に関し、西院伽藍にある現存する世界最古の木造建造物として、正しいものはどれか。〈 2点 〉

[**26**] ① 夢殿　② 金堂
③ 間歩　④ 法華堂

・『平泉―仏国土(浄土)を表す建築・庭園及び考古学的遺跡群―』に関し、藤原清衡が1105年に再興した寺院(A)と1189年に奥州藤原氏を滅ぼした人物(B)の組み合わせとして、正しいものはどれか。〈 2点 〉

[**27**] ① A. 中尊寺 ― B. 源頼朝
② A. 中尊寺 ― B. 平清盛
③ A. 法起寺 ― B. 源頼朝
④ A. 法起寺 ― B. 平清盛

・『紀伊山地の霊場と参詣道』に関する次の文中の語句で、正しいものはどれか。〈 1点 〉

> 三重県、奈良県、(① **大阪府**) にまたがる紀伊山地にある『紀伊山地の霊場と参詣道』には、修験道の聖地である「吉野・大峯(おおみね)」、神仏習合により阿弥陀信仰などと結びついて霊場となった「熊野三山」、(② **鑑真**) が開いた金剛峯寺(こんごうぶじ)を中心とする (③ **比叡山**) の3つの霊場と、それぞれを結ぶ参詣道が世界遺産に登録されている。参詣道自体も信仰とかかわりがあり、吉野・大峯と熊野三山を結ぶ道を踏破する (④ **奥駈(おくがけ)**) は、修験道で重要な修行とされている。

[**28**]
① 大阪府
② 鑑真
③ 比叡山
④ 奥駈

・『「八萬大蔵経」版木所蔵の海印寺(ヘインサ)』に関する次の文中の空欄に当てはまる語句として、正しいものはどれか。〈 2点 〉

> 海印寺に伝わる版木は1232年に彫り始められたもので、一度焼失したものの、(　　　) と鎮護国家を祈念して復刻された。

[**29**]
① 疫病の退散
② モンゴル軍の退散
③ 五穀豊穣
④ 救世主の登場

・『スコータイと周辺の歴史地区』に関し、スコータイ朝の最盛期を築いた第3代のラームカムヘーン王が国教とした宗教として、正しいものはどれか。〈 2点 〉

[**30**]
① 上座部仏教
② チベット仏教
③ 真言密教
④ 大乗仏教

▶複合遺産に関する、以下の問いに答えなさい。

・『ウルル、カタ・ジュタ国立公園』の説明として、正しいものはどれか。〈 2点 〉

[**31**]
① ウルルは世界で最も巨大な一枚岩である
② 南アフリカ共和国の世界遺産である
③ 氷河の浸食を受けて形成された巨大岩石群である
④ 公園一帯はアボリジニの聖地である

・『マチュ・ピチュ』に関し、夏至と冬至を観測できる窓を備えた建造物として、正しいものはどれか。〈 1点 〉

[32] ① 神聖文字の階段
② 奴隷の家
③ 太陽の神殿
④ 紫禁城

・『ンゴロンゴロ自然保護区』にあるンゴロンゴロ・クレーターの説明として、正しいものはどれか。〈 2点 〉

[33] ① 5億年以上前の古代生物の化石が多数発見された地層である
② 美しく雄大なフィヨルドである
③ 雨季の増水時に水につかってしまう浸水林である
④ 世界最大級のカルデラである

・『タスマニア原生地帯』に生息するタスマニアデビルの写真として、正しいものはどれか。〈 1点 〉

[34] ①

②

③

④

▶ **古都の遺産に関する、以下の問いに答えなさい。**

・『ウィーンの歴史地区』に関し、17～18世紀にかけて造られたバロック建築の代表例で、現在は絵画を収蔵するギャラリーとなっている建造物として、正しいものはどれか。〈2点〉

[**35**] ① ウェストミンスター宮殿
② ベルヴェデーレ宮殿
③ サンスーシ宮殿
④ アルハンブラ宮殿

・『ペルセポリス』に関する次の文中の語句で、正しくないものはどれか。〈2点〉

［（① エジプト・アラブ共和国）の世界遺産『ペルセポリス』は、古代オリエントを統一した（② アケメネス朝ペルシア）の3代皇帝（③ ダレイオス1世）が築いた都市である。宮殿など壮麗な建築物は、直角をモチーフにして建てられており、古代ペルシア人の民族宗教である（④ ゾロアスター教）にまつわるレリーフなどが刻まれている。］

[**36**] ① エジプト・アラブ共和国
② アケメネス朝ペルシア
③ ダレイオス1世
④ ゾロアスター教

・『古都奈良の文化財』に関し、743年に盧舎那仏坐像（るしゃなぶつざぞう）（大仏）建立を命じた人物として、正しいものはどれか。〈2点〉

[**37**] ① 推古天皇
② 桓武天皇
③ 聖武天皇
④ 後醍醐天皇

・『古都京都の文化財』に関する次の文中の空欄（ A ）、（ B ）に当てはまる語句の組み合わせとして、正しいものはどれか。〈2点〉

［京都は794年の（ A ）から（ B ）によって1869年に東京に遷都されるまで、日本の政治・文化の中心地であった。］

[**38**] ① A. 仏教伝来 ― B. 応仁の乱
② A. 仏教伝来 ― B. 明治維新
③ A. 平安京遷都 ― B. 応仁の乱
④ A. 平安京遷都 ― B. 明治維新

▶ニュージーランドに留学中のユウジが北海道の両親に送った手紙を読んで、以下の問いに答えなさい。

お父さん、お母さんへ

お父さん、お母さん、元気？　もうすぐニュージーランドに来て初めてのクリスマスを迎えるよ。

クリスマスといっても、日本とは(a)季節が逆なので、こちらは夏！　湿度が低いから、とても過ごしやすいんだ。そのうえ、夜9時頃まで明るいので、色々なアクティビティが楽しめるんだ。夜更かしして(b)天体観測をしたり、休みの日には近くの(c)湖で泳いだり、毎日とても充実しているよ！

ホストファミリーはとても優しくて、ホストファーザーのジェイコブは大工、ホストマザーのオリビアは看護師で、ラブラドール・レトリバーのルビーと暮らしているんだ。まだまだ拙(つたな)い僕の(d)英語にも耳を傾けてくれるので、だんだん自信がついてきたよ。

ちゃんと勉強もしているから心配しないで。大学では先住民研究の授業を中心に履修しています。(　**43**　)の文化や歴史だけでなく、ニュージーランド社会での多文化共生の取り組みや課題についても学んでいるよ。

(e)北海道のアイヌの(f)伝統文化を守るために、研究が進んでいるニュージーランドでしっかり学んでくるね。

北海道はもう(g)雪が積もっているかな？　お父さんもお母さんも、体に気をつけてね。

ユウジより

・下線部(a)「季節」に関し、季節海氷域にある『知床』の説明として、正しいものはどれか。〈 2点 〉

[**39**]
① 1年を通して海氷がみられる海域に位置する
② 地球上で最も低緯度で海水が凍る海域に位置する
③ 偏西風の影響を受け1年中大雪が降り続ける海域に位置する
④ 氷河が常に溶け出している海域に位置する

・下線部(b)「天体観測」に関し、『チチェン・イツァの古代都市』には高度な天文知識を示す遺構がある。この都市を築いた文明として、正しいものはどれか。〈 2点 〉

[**40**]
① マヤ文明　② インダス文明
③ ギリシャ文明　④ メソポタミア文明

・下線部(c)「湖」に関し、『バイカル湖』の説明として、正しくないものはどれか。〈 2点 〉

[**41**]
① 世界最古の湖である
② 世界最大の湖である
③ 淡水湖としては世界最大の貯水量を誇る
④ 淡水に生息する唯一のアザラシがみられる

・下線部(d)「英語」に関し、『百舌鳥・古市古墳群』に関する次の英文の空欄に当てはまる、「埋葬」を意味する単語として、正しいものはどれか。 〈 1点 〉

［ The Mozu-Furuichi Kofun Group is a tomb group of the kings' clans and affiliates that ruled the ancient Japanese archipelago. They demonstrate an outstanding type of ancient East Asian (　　　) mound construction. ］

[42] ① natural ② historical
③ burial ④ aesthetic

・文中の空欄(43)に当てはまる『トンガリロ国立公園』の一帯を聖地としている先住民として、正しいものはどれか。 〈 2点 〉

[43] ① ソグド人 ② 長耳族
③ イフガオ族 ④ マオリ

・下線部(e)「北海道」に関し、『北海道・北東北の縄文遺跡群』に含まれる遺産として、正しいものはどれか。 〈 2点 〉

[44]

① 大湯環状列石

② 大森貝塚

③ 吉野ヶ里遺跡

④ 登呂遺跡

・下線部(f)「伝統文化」に関し、『フィリピンのコルディリェーラの棚田群』で稲作を行っている少数民族が、農作業時や冠婚葬祭の儀式の際に行う詠唱として、正しいものはどれか。 〈 1点 〉

[45] ① マケマケ ② ハドハド
③ コドコド ④ ロミロミ

・下線部(g)「雪」に関し、豪雪地帯に位置する『白川郷・五箇山の合掌造り集落』の地域で行われていた地場産業として、正しいものはどれか。 〈1点〉

[46] ① 金箔の生産 ② 鉄器の生産
③ 塩硝の生産 ④ 人形の生産

▶島の世界遺産に関する、以下の問いに答えなさい。

・『「神宿る島」宗像・沖ノ島と関連遺産群』に関する説明として、正しいものはどれか。 〈2点〉

[47] ① 沖ノ島全体がご神体とされ、古代より多くの人々が海を渡って巡礼に訪れた
② 沖ノ島は本州と交流がなかったため、独自の文化が発展した
③ 世界遺産としては「沖ノ島」「宗像大社」「古墳群」の３つの要素で構成される
④ 沖ノ島は朝鮮半島や中国大陸への中継貿易で栄えた

・『小笠原諸島』に関し、島で独自の進化を遂げた動植物の中で、特に高い固有率を誇る生物(A)とその代表的な属(B)の組み合わせとして、正しいものはどれか。 〈2点〉

[48] ① A. 陸産貝類 ― B. ヤドカリ属
② A. 陸産貝類 ― B. カタマイマイ属
③ A. 甲殻類 ― B. ヤドカリ属
④ A. 甲殻類 ― B. カタマイマイ属

・『屋久島』は、海岸沿いは亜熱帯の植物、山頂付近は亜寒帯の植物というように、標高が上がるにつれ生育する植物も変化する。このような植物の広がりを示す言葉として、正しいものはどれか。 〈1点〉

[49] ① 垂直分布 ② 適応放散
③ 繁殖干渉 ④ 自然植生

・『ハワイ火山国立公園』の位置として、正しいものを次の地図中より選びなさい。 〈1点〉

[50]

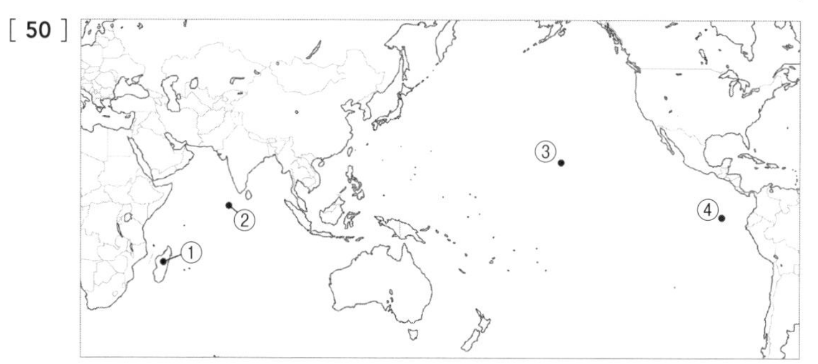

・『ゴレ島』に関する次の文中の空欄に当てはまる語句として、正しいものはどれか。〈2点〉

> 『ゴレ島』は15～19世紀の間、アフリカ沿岸部における奴隷貿易の最大の拠点であった。17～18世紀には、奴隷を商品とした(　　　)の拠点となり、1815年の奴隷貿易廃止まで機能した。

[51] ① 勘合貿易　② 保護貿易　③ 自由貿易　④ 三角貿易

・『ガラパゴス諸島』に関し、この島を訪れて進化論のアイデアを得た英国の博物学者(A)とその人物の著書(B)の組み合わせとして、正しいものはどれか。〈2点〉

[52] ① A. チャールズ・ダーウィン ― B. 種の起源
② A. チャールズ・ダーウィン ― B. 95ヵ条の論題
③ A. マルティン・ルター ― B. 種の起源
④ A. マルティン・ルター ― B. 95ヵ条の論題

▶近代化を示す世界遺産に関する、以下の問いに答えなさい。

・『自由の女神像』は、アメリカ合衆国のある出来事を祝ってフランス共和国から贈られた。その出来事として、正しいものはどれか。〈2点〉

[53] ① アメリカ合衆国独立100周年
② ニューヨーク万博の開催
③ ジョージ・ワシントンの大統領就任
④ 南北戦争の終結

・次の3つの文から推測される世界遺産として、正しいものはどれか。〈2点〉
― エイブラハム・ダービー1世が画期的な製鉄法を開発した
― イギリス産業革命期に製鉄業の中心地として栄えた
― 世界初の鉄橋が建設された場所である

[54] ① ニュー・ラナーク　② アイアンブリッジ峡谷
③ ポトシの市街　④ ギョベクリ・テペ

・『サンクト・ペテルブルクの歴史地区と関連建造物群』に関し、18ヵ月にわたって西欧諸国を歴訪するなど、ロシアの西欧化や近代化を推し進め、1703年にサンクト・ペテルブルクの建設を始めた人物として、正しいものはどれか。〈2点〉

[55] ① イヴァン3世
② フェリペ2世
③ ピョートル大帝
④ ラメセス2世

・『明治日本の産業革命遺産　製鉄・製鋼、造船、石炭産業』に関し、現在稼働中の施設として、正しくないものはどれか。〈 1点 〉

[**56**]　① 三池港　② 官営八幡製鐵所
③ 三菱長崎造船所　④ 荒船風穴

・『富岡製糸場と絹産業遺産群』の説明として、正しいものはどれか。〈 2点 〉

[**57**]　① 明治政府はフランス人技師のポール・ブリュナを雇い入れ、器械製糸技術の導入などを図った
② 全国から集められた工女たちは、工場稼働当初から劣悪な環境で働かされていた
③ 富岡製糸場の繭倉庫や繰糸場は、近代的な鉄筋コンクリート造である
④ 富岡製糸場は現在も操業中で、高品質な生糸をつくり続けている

▶第二次世界大戦にまつわる遺産に関する、以下の問いに答えなさい。

・『琉球王国のグスク及び関連遺産群』に関し、第二次世界大戦の沖縄戦によって焼失し、戦後に復元されたものの、2019年に火災で正殿が焼失した建造物として、正しいものはどれか。〈 2点 〉

[**58**]　① 今帰仁城　② 首里城
③ 陽明門　④ 南大門

・『広島平和記念碑(原爆ドーム)』に関し、原爆ドームのような「負の遺産」は、通常、ほかの基準と併せて用いられることが望ましいとされる登録基準のみで登録されることがある。その基準として、正しいものはどれか。〈 1点 〉

[**59**]　① 登録基準(ⅰ)　② 登録基準(ⅲ)
③ 登録基準(ⅵ)　④ 登録基準(ⅷ)

・次の文中の空欄に当てはまる語句として、正しいものはどれか(2ヵ所の空欄には同じ語句が入る)。〈 1点 〉

1945年の(　　　)会談で、米・英・ソの首脳が戦後処理について話し合ったツェツィーリエンホーフ宮殿は、『(　　　)とベルリンの宮殿と庭園』として世界遺産に登録されている。

[**60**]　① グラナダ　② アヴィニョン
③ バーミンガム　④ ポツダム

過去問題

4級

055 世界遺産検定❹級［2023年 3月］

068 世界遺産検定❹級［2023年 7月］

081 世界遺産検定❹級［2023年 12月］

過去問題 4級

2023年3月 実施

認定率・講評

〈 集計データ 〉

最高点	最低点	平均点	認定点	受検者数	認定者数	認定率
100点	36点	86.9点	60点	176人	172人	97.7%

〈 得点分布図 〉

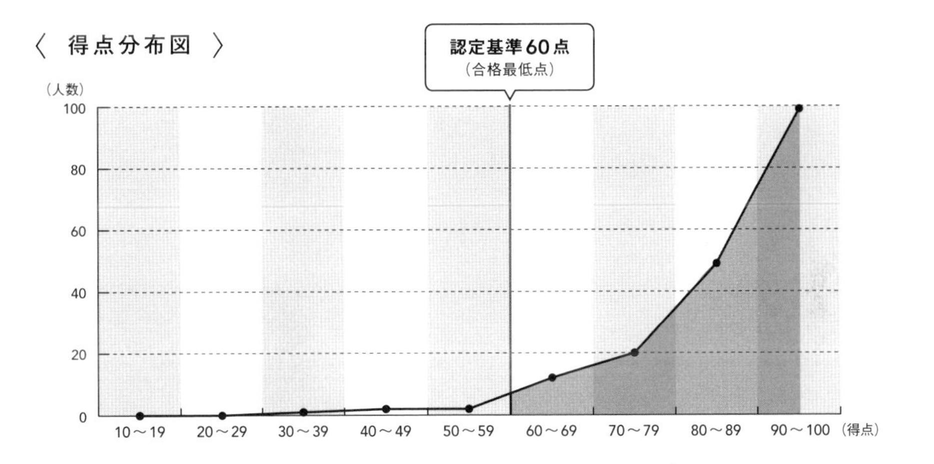

— 講評 —

平均点は86.9点、認定率は97.7%と、2021年3月以来の高い水準となりました。正答率8～9割の問題は36問あり、よく対策されていました。「ユネスコ憲章前文」の設問は全員正解でした。唯一正答率が5割を切ったのが、『ムザブの谷』の中心都市を問う問題です。また、『ナスカとパルパの地上絵』を発見し、保護した人物に関する問題も5割程度に留まりました。どちらの設問も、テキストでは赤太字で記載されている箇所が問われています。赤太字は遺産の価値と関わる重要語句です。遺産名と国名、赤太字・太字を中心に学習することが得点につながります。

▶ **世界遺産条約に関する次の文章を読み、以下の問いに答えなさい。**

> 世界遺産とは、世界遺産条約に基づき、「(　**1**　)」が認められた建造物や遺跡、景観、自然などのことです。世界遺産条約は、1972年に国連の専門機関である(**a**)ユネスコの総会で採択されました。この条約の誕生には、1960年に始まったアスワン・ハイ・ダムの建設によってダム湖に沈む恐れがあった(**b**)アブ・シンベル神殿の救済が大きく関係しています。(**c**)日本は、1992年に世界遺産条約を締結しました。

・文中の空欄(　1　)に当てはまる、世界遺産がもつとされる価値とは何でしょうか。　〈 2点 〉

[**1**]　① 顕著(けんちょ)な普遍(ふへん)的価値
② 貴重な科学的価値
③ 重大な歴史的価値
④ 莫大(ばくだい)な経済的価値

・下線部(a)「ユネスコ」に関し、次の一文はユネスコ憲章の前文を抜き出したものです。文中の空欄に当てはまる語句は何でしょうか。　〈 2点 〉

> 戦争は人の心の中に生まれるものだから、人の心の中にこそ、(　　　)を築かなければならない。

[**2**]　① 希望の塔
② 平和のとりで
③ 夢の架け橋
④ 願いの泉

・下線部(b)「アブ・シンベル神殿」の保有国はどこでしょうか。　〈 2点 〉

[**3**]　① イラン・イスラム共和国
② メキシコ合衆国
③ オーストラリア連邦
④ エジプト・アラブ共和国

・下線部(c)「日本」で最初に登録された世界遺産として、正しくないものはどれでしょうか。　〈 2点 〉

[**4**]　① 姫路城(ひめじじょう)
② 『神宿る島』宗像(むなかた)・沖ノ島(おきのしま)と関連遺産群
③ 屋久島(やくしま)
④ 法隆寺(ほうりゅうじ)地域の仏教建造物群

▶ **世界遺産の登録に関する、以下の問いに答えなさい。**

・世界遺産に登録される条件として、正しいものはどれでしょうか。〈2点〉

[5] ① 観光資源があり、経済効果が大きいこと
② 一般の人の立ち入りが禁止されていること
③ 不動産であること
④ 遺産をもつ国以外からの推薦があること

・世界遺産の登録を目指す遺産を記載した国別の候補リストとして、正しいものはどれでしょうか。〈2点〉

[6] ① 仮登録リスト
② 推薦検討リスト
③ 待機(たいき)リスト
④ 暫定(ざんてい)リスト

・世界遺産に登録されるための登録基準の説明として、正しいものはどれでしょうか。〈2点〉

[7] ① 登録基準を見れば、その世界遺産の価値がわかる
② 登録基準は全部で5項目ある
③ 認められている登録基準の数が多いほど、優(すぐ)れた価値をもつ
④ 登録基準は2つ以上当てはまる必要がある

・危機遺産リストに記載される理由として、正しくないものはどれでしょうか。〈2点〉

[8] ① 密猟や不法伐採(ばっさい)などによる自然破壊
② 行き過ぎた観光地化や都市開発
③ 戦争や紛争による遺産破壊
④ 観光客の減少による経済効果の縮小

・旧市街を流れる川に近代的な橋を建設することが景観を損なうと判断され、危機遺産リストに記載されたのち、世界遺産リストから削除された遺産はどれでしょうか。〈2点〉

[9] ① モン・サン・ミシェルとその湾
② ドレスデン・エルベ渓谷(けいこく)
③ キリマンジャロ国立公園
④ フィレンツェの歴史地区

▶特徴的な建造物を含む世界遺産に関する、以下の問いに答えなさい。

・『白川郷・五箇山の合掌造り集落』では、山間地の気候風土に合わせた伝統的な合掌造り家屋が見られます。この地域の気候の特徴として、正しいものはどれでしょうか。〈 2点 〉

[10] ① 乾燥地帯 ② 豪雪地帯
③ 降灰地域 ④ 亜熱帯地域

・『日光の社寺』の東照宮にみられる建物のほとんどは、江戸幕府3代将軍の徳川家光が美術・工芸・建築技術の粋を集めて行った大改築で築かれたものです。この大改築を何というでしょうか。〈 2点 〉

[11] ① 寛永の大造替 ② 天保の大修理
③ 江戸の大工事 ④ 将軍の大改築

・『ムザブの谷』は、11〜12世紀ごろにムザブ族が築いた城塞都市が点在する地域で、そのうち5つの都市が世界遺産に登録されています。その中心である右の写真の都市名は何でしょうか。〈 2点 〉

[12] ① エルサレム
② ガルダイア
③ グアナフアト
④ メテオラ

・『メンフィスのピラミッド地帯』の構成資産であるギザの三大ピラミッドのうち、最大の大きさを誇るピラミッドはどれでしょうか。〈 2点 〉

[13] ① ラメセス2世のピラミッド
② クレオパトラ女王のピラミッド
③ クフ王のピラミッド
④ ツタンカーメン王のピラミッド

・『ル・コルビュジエの建築作品：近代建築運動への顕著な貢献』を説明する次の英文の空欄に当てはまる、「近代建築」を意味する単語として正しいものはどれでしょうか。〈 2点 〉

[Le Corbusier proposed a new concept of ( ). This heritage consists of 17 sites across seven countries, and one of them is the National Museum of Western Art, located in Ueno Park, Tokyo.]

[14] ① classical architecture ② modern architecture
③ ancient architecture ④ Renaissance architecture

・同じく『ル・コルビュジエの建築作品：近代建築運動への顕著な貢献』は、世界7ヵ国に点在する17の作品がひとつの世界遺産として登録されたものです。このように、同じような特徴や背景をもち、複数の国にまたがる遺産を各国共同でひとつの遺産として登録する「国境を越える遺産」を何というでしょうか。〈 2点 〉

[**15**] ① トランスバウンダリー・サイト
② ユニバーサル・サイト
③ シリアル・ノミネーション・サイト
④ グローバル・サイト

▶自然遺産に関する、以下の問いに答えなさい。

・『白神山地（しらかみさんち）』に広がる原生林のうち、7割以上を占める樹種はどれでしょうか。〈 2点 〉

[**16**] ① ヒノキ　② ハイマツ
③ ブナ　④ ミズナラ

・ベネズエラ・ボリバル共和国の『カナイマ国立公園』に関する次の文中の空欄に当てはまる語句として、正しいものはどれでしょうか。〈 2点 〉

> 『カナイマ国立公園』には、先住民から「テプイ（神の家）」と呼ばれる（　　　）が残されています。これは、長い年月の間、風雨にさらされたことによって大地が削られたことでできました。

[**17**] ① ラグーン　② ダンジョン
③ エアーズ・ロック　④ テーブルマウンテン

・『サガルマータ国立公園』の説明として、正しくないものはどれでしょうか。〈 2点 〉

[**18**] ① 世界最高峰（さいこうほう）サガルマータを中心とする山岳公園である
② 中華人民共和国の世界遺産である
③ 標高3,500～5,000m付近には少数民族のシェルパ族が生活している
④ 山頂付近では貝などの化石が発見されている

・九州本土の南約70kmに浮かぶ『屋久島（やくしま）』にある九州最高峰の山はどれでしょうか。〈 2点 〉

[**19**] ① 弥山（みせん）　② 羅臼岳（らうすだけ）
③ 宮之浦岳（みやのうらだけ）　④ 高野山（こうやさん）

・『小笠原諸島』が属する都県は、どれでしょうか。〈2点〉

［ 20 ］ ① 鹿児島県
② 神奈川県
③ 静岡県
④ 東京都

▶夕食の一家団欒を楽しむ中学生の加奈子と両親の会話を読んで、以下の問いに答えなさい。

母　：やっぱりボルドーの赤ワインはおいしいな！
加奈子：ワインってどんな味がするの？
父　：言うなれば大人の味。ビールやチューハイとは違う、酒に慣れた大人の飲み物だな。
母　：そして、おいしい料理にはおいしいワインを合わせたい！
加奈子：今夜はビーフシチューだから、合わせてるワインは外国産なの？
父　：今日のワインは(a)フランス産だよ。ワインは(b)アルゼンチンなどの南米でもつくられているし、コーカサス地方のジョージアという国はワインの発祥地といわれている。
加奈子：ふうん。じゃあ、日本でもワインをつくってるの？
母　：もちろん。日本でワインがつくられ始めたのはおよそ140年前の明治時代。(c)殖産興業の一環としてぶどうの栽培とワイン醸造が進められたのね。日本のワインでは(d)山梨県とか(e)北海道あたりが有名ね。
加奈子：ワインといっしょにチーズを食べてるのはどうして？
父　：ズバリ、相性がいいから。今日は同じフランス産のミモレットというチーズにしたよ。加奈子の好きなカマンベールもある。パンに乗せるとおいしいよね。
加奈子：それ、大好き。チーズは昔から日本でもつくられていたのかな。
母　：日本最古のチーズは(f)飛鳥時代につくられた記録があるわ。2、3年前にSNSでそれを再現したチーズづくりが流行って、実際につくってる人がいたよね。
加奈子：どんな味なのか気になるな。
父　：じゃあせっかくだし、今度の日曜日に(g)古代のチーズ、つくってみますか。

・下線部(a)「フランス」にある『パリのセーヌ河岸』の構成資産で、2019年の火災で一部が焼損した建造物はどれでしょうか。〈2点〉

［ 21 ］ ① ノートル・ダム大聖堂　② サンタ・マリア・デル・フィオーレ大聖堂
③ クロンボー城　④ サンティアゴ・デ・コンポステーラ大聖堂

・下線部(b)「アルゼンチン」の『ロス・グラシアレス国立公園』に関する次の文中の空欄に当てはまる語句は何でしょうか。 〈2点〉

［ 世界第3位の大きさを誇る氷河地帯では、(　　　)で運ばれた湿った空気がアンデス山脈にぶつかって雪を降らせ、一年中降り積もります。 ］

[22]
① 季節風　② 黒潮
③ 貿易風　④ 偏西風

・下線部(c)「殖産興業」に関し、近代化を進める明治政府が殖産興業の一環として富岡に築いた官営工場などが、『富岡製糸場と絹産業遺産群』として世界遺産に登録されています。製糸場に用いられている、日本古来の木造の柱に西欧伝来のレンガを組み合わせた造りを何というでしょうか。 〈2点〉

[23]
① 鉄筋コンクリート造
② 木骨レンガ造
③ 校倉造
④ 書院造

・下線部(d)「山梨県」と静岡県にまたがる『富士山*』の火山活動が最も激しかった9世紀前半頃、噴火を鎮めるために天皇が坂上田村麻呂に命じてつくらせた神社として、正しいものはどれでしょうか。 〈2点〉

[24]
① 二荒山神社
② 春日大社
③ 熊野本宮大社
④ 富士山本宮浅間大社

(*正式名称は『富士山－信仰の対象と芸術の源泉』)

・下線部(e)「北海道」にある『知床』では、自然界での食べる側と食べられる側との連続する関係を通じ、海から山まで一体となった生態系が特徴です。このような生物間の関係を何というでしょうか。 〈2点〉

[25]
① 食物連鎖　② 弱肉強食
③ 垂直分布　④ 資源循環

・下線部(f)「飛鳥時代」に関し、この時代に築かれた『法隆寺地域の仏教建造物群』に関する説明として、正しいものはどれでしょうか。 〈2点〉

[26]
① 大阪府にある世界遺産である
② 五重塔は焼失して現在は残っていない
③ 現存する世界最古の木造建築物を含む
④ 法隆寺は池田輝政が現在の姿に整えた

・下線部(g)「古代」に関し、日本の古代王朝ヤマト王権の中心地だった奈良や大阪周辺には多くの古墳がつくられ、その一部が『百舌鳥・古市古墳群』として世界遺産に登録されています。このうち百舌鳥エリアにある、日本最大の古墳として正しいものはどれでしょうか。〈 2点 〉

[**27**]　① 始皇帝陵
② 仁徳天皇陵古墳(大仙古墳)
③ 高松塚古墳
④ 履中天皇陵古墳(ミサンザイ古墳)

▶宗教や信仰にまつわる世界遺産に関する、以下の問いに答えなさい。

・『「神宿る島」宗像・沖ノ島と関連遺産群』に関する次の文中の語句の中で、正しいものはどれでしょうか。〈 2点 〉

> 日本と(① 朝鮮半島)の間に位置し、航海上の目印となる沖ノ島は、島そのものが神聖視され、4世紀後半から約500年間(② 不老不死を祈る場所)として、国家的な祭祀が行われてきました。沖ノ島には(③ 木の上)で祭祀が行われていたことを証明する宝物が残ります。沖津宮、中津宮、辺津宮の三社からなる宗像大社には(④ 徳川家康)がまつられています。

[**28**]　① 朝鮮半島　② 不老不死を祈る場所　③ 木の上　④ 徳川家康

・『ウルル、カタ・ジュタ国立公園』の一帯で伝統的な生活を営み、ウルルを聖地としている先住民の名称はどれでしょうか。〈 2点 〉

[**29**]　① アイヌ
② アボリジニ
③ マサイ族
④ ベルベル人

・『古都奈良の文化財』の東大寺金堂(大仏殿)に納められている大仏像は、何という仏でしょうか。〈 2点 〉

[**30**]　① 阿弥陀仏　② 釈迦牟尼仏
③ 盧舎那仏　④ 薬師仏

・『長崎と天草地方の潜伏キリシタン関連遺産』に含まれる「大浦天主堂」で、1865年に潜伏キリシタンらが信仰を打ち明けた出来事を何というでしょうか。〈 2点 〉

[**31**]　① 心願成就　② 信徒発見
③ 信徒転向　④ 神仏分離

・『平泉―仏国土(浄土)を表す建築・庭園及び考古学的遺跡群―』に関し、11世紀末に奥州を支配したのち、平泉を政治・行政の拠点と定めた人物(A)と、その人物が平泉の中心として最初に建立した寺院(B)の組み合わせとして、正しいものはどれでしょうか。〈2点〉

[32] ① A. 厩戸王(聖徳太子) ― B. 延暦寺 ② A. 藤原清衡 ― B. 延暦寺
③ A. 厩戸王(聖徳太子) ― B. 中尊寺 ④ A. 藤原清衡 ― B. 中尊寺

▶世界遺産となっている城に関する、以下の問いに答えなさい。

・『姫路城』は次の地図上のどこにあるでしょうか。〈2点〉

[33]

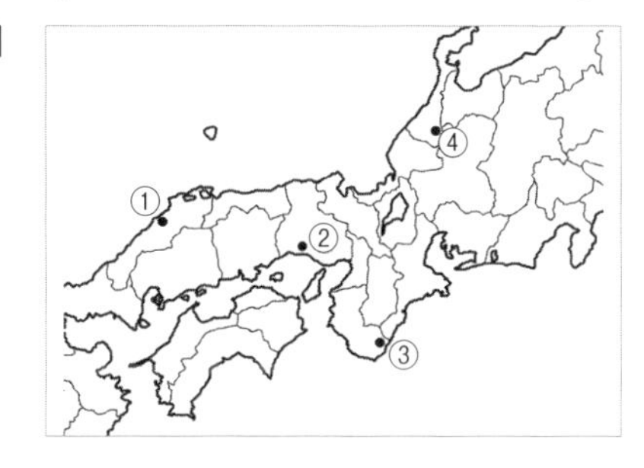

・同じく『姫路城』は、修復の際にその建築物などが文化的伝統を受け継いでいる必要があるという考え方を重要視して工事が行われてきました。この考え方は何と呼ばれているでしょうか。〈2点〉

[34] ① 真正性 ② 絶対性 ③ 伝承性 ④ 整合性

・『琉球王国のグスク及び関連遺産群』に関し、グスク跡を映した写真として正しいものはどれでしょうか。〈2点〉

[35] ①

②

③

④

・『万里の長城』は、紀元前8〜前5世紀に砦が築かれ始めました。それらをつなぎ合わせ、長城の原型を築いた人物は誰でしょうか。〈2点〉

[36] ① 元のフビライ・ハン　② 漢の武帝
③ 秦の始皇帝　④ 清の溥儀

▶東京から香川県に移住したしおりが、父に出した手紙を読んで、以下の問いに答えなさい。

お父さんへ

日差しがいっそう春めいてきました。お変わりありませんか。

年末に移住して早3か月。新しい土地にもようやく慣れてきました。

ここ三豊市は香川県の西部にあって、冬も温暖で(a)雨が少ないから過ごしやすいと聞いていましたが、本当に暖かい日が続いて驚きました。借りた(b)家は瀬戸内海が見える高台にあり、日当たりのよい庭があります。この庭でいつかレモンや(c)オリーブを育ててみたい、なんて考えています。

仕事はオンラインですむので出勤時間がなくなった分、時間のゆとりができました。読書三昧の一人暮らしの相棒に、(d)ネコを飼い始めました。

歴史好きのお父さんに面白い話をひとつ。三豊市北西部の荘内半島には、浦島太郎にまつわる伝説があるのです。(e)足利義満が(f)厳島詣の途中で、三豊の神社に立ち寄ったときに詠んだ歌から、荘内半島が(g)室町時代から「浦島」と呼ばれていたことがわかっています。半島にある紫雲出山は、浦島太郎が開けた玉手箱の煙が紫色の雲になったことが地名の由来だそうです。

そろそろ桜の季節ですね。紫雲出山はNYタイムズ紙で紹介されたこともある桜の名所でもあります。お母さんと一緒にぜひ、遊びに来てください。

しおりより

・下線部(a)「雨が少ない」に関し、ペルー共和国の『ナスカとパルパの地上絵』のある一帯は年間降水量が少ない乾燥地帯であるため、絵が消えることなく残りました。これらの地上絵を発見し、保護した人物は誰でしょうか。〈2点〉

[37] ① マリア・ライヘ　② デイヴィッド・リヴィングストン
③ ハイラム・ビンガム　④ チャールズ・ダーウィン

・下線部(b)「家」に関し、現在も住居として利用されているイタリア共和国南部の『アルベロベッロのトゥルッリ』で見られる、建物の屋根の形状は何でしょうか。〈2点〉

[38] ① 十字型　② 円錐形
③ 星形　④ 八角形

・下線部(c)「オリーブ」に関し、ユネスコのマークのモデルにもなっている、『アテネのアクロポリス』に含まれる建物で、ギリシャ神話でオリーブの樹を芽生えさせたとされる女神アテナを祀っているものはどれでしょうか。〈 2点 〉

[39] ① コロッセウム　② ヴェッキオ宮　③ パルテノン神殿　④ タージ・マハル

・下線部(d)「ネコ」に関し、『奄美大島、徳之島、沖縄島北部及び西表島』の一帯には、イリオモテヤマネコをはじめとした貴重な固有種や絶滅危惧種が多く生息しています。一帯に生息する固有種として、正しいものはどれでしょうか。〈 2点 〉

[40]

① ジャイアントパンダ

② アマミノクロウサギ

③ ニホンカモシカ

④ グリーンアノール

・下線部(e)「足利義満」が建てた金閣寺を含む『古都京都の文化財』の構成資産として、正しくないものはどれでしょうか。〈 2点 〉

[41]

① 薬師寺

② 慈照寺(銀閣寺)

③ 平等院

④ 清水寺

・下線部(f)「厳島」に関し、『厳島神社』を一門の守護神と位置づけ、海上交通の安全を祈願して社殿を整えた人物は誰でしょうか。 〈 2点 〉

[**42**] ① 源 頼朝（みなもとのよりとも）
② 桓武天皇（かんむてんのう）
③ 平 清盛（たいらのきよもり）
④ 豊臣秀吉（とよとみひでよし）

・下線部(g)「室町時代」に関し、この時代から『紀伊山地（きいさんち）の霊場（れいじょう）と参詣道（さんけいみち）』の熊野（くまの）に参詣する人が増えました。参詣道を連なって歩く人々の姿を、ある生物になぞらえて何と呼んだでしょうか。
〈 2点 〉

[**43**] ① 猿（さる）の熊野詣（もうで）
② 蟻（あり）の熊野詣
③ 牛の熊野詣
④ 鴨（かも）の熊野詣

▶ 日本と世界の産業遺産に関する、以下の問いに答えなさい。

・『石見銀山（いわみぎんざん）遺跡とその文化的景観』で用いられていた、東アジアから伝わった、銀を効率よく取り出す技術を何と呼ぶでしょうか。 〈 2点 〉

[**44**] ① 水銀法
② 取出法
③ 灰吹法（はいふき）
④ 分解法

・同じく『石見銀山遺跡とその文化的景観』で認められた「文化的景観」の概念の説明として、正しいものはどれでしょうか。 〈 2点 〉

[**45**] ① 人類が生み出した素晴らしい建造物や遺跡
② 人間が自然環境をいかしながらつくり上げた固有の文化がみられる景観
③ 文化遺産と自然遺産、両方の価値をもっているもの
④ 建築技術や科学技術の発達を伝えている遺跡

・『明治日本の産業革命遺産　製鉄（せいてつ）・製鋼（せいこう）、造船（ぞうせん）、石炭（せきたん）産業』に関し、蒸気（じょうき）機関を用いた石炭の採掘などを行い、日本の近代化に貢献した人物は誰でしょうか。 〈 2点 〉

[**46**] ① 吉田松陰（よしだしょういん）
② 天草四郎
③ ポール・ブリュナ
④トーマス・グラバー

・『カミノ・レアル・デ・ティエラ・アデントロ-メキシコ内陸部の王の道』に関する次の文中の空欄に当てはまる語句として、正しいものはどれでしょうか（2ヵ所の空欄には同じ語句が入ります）。
〈 2点 〉

［『カミノ・レアル・デ・ティエラ・アデントロ-メキシコ内陸部の王の道』は、メキシコ各地で産出された（　　　）が、この道を通って運ばれたため、「（　　　）の道」とも呼ばれた。］

［ 47 ］
① 鉄
② 金
③ 銀
④ ダイヤモンド

▶「負の遺産」に関する、以下の問いに答えなさい。

・「負の遺産」の説明として、正しいものはどれでしょうか。 〈 2点 〉

［ 48 ］
① 近現代の戦争や人種差別、奴隷貿易など、人類が起こした過ちを記憶にとどめ教訓とするための遺産である
② 「負の遺産」の定義は世界遺産条約で正式に定められている
③ 登録基準（10）のみで登録されることが多い
④ 世界遺産の分類のひとつである

・『広島平和記念碑（原爆ドーム）』に関し、アメリカ合衆国の爆撃機によって人類初の原子爆弾が広島に投下された正しい年月日はいつでしょうか。 〈 2点 〉

［ 49 ］
① 1945年6月23日
② 1945年8月6日
③ 1945年8月9日
④ 1945年8月15日

・「負の遺産」と考えられている遺産に関する、次の文中の空欄に当てはまる語句はどれでしょうか。
〈 2点 〉

［第二次世界大戦中、ナチス・ドイツがユダヤ人の大量殺戮（ホロコースト）を行った建物が、『（　　　）・ビルケナウ：ナチス・ドイツの強制絶滅収容所（1940-1945）』として登録されています。］

［ 50 ］
① エッセン
② ベルリン
③ ナンダ・デヴィ
④ アウシュヴィッツ

過去問題 4級

2023年7月	実施

認定率・講評

〈 集計データ 〉

最高点	最低点	平均点	認定点	受検者数	認定者数	認定率
100点	40点	85.7点	60点	223人	214人	96.0%

〈 得点分布図 〉

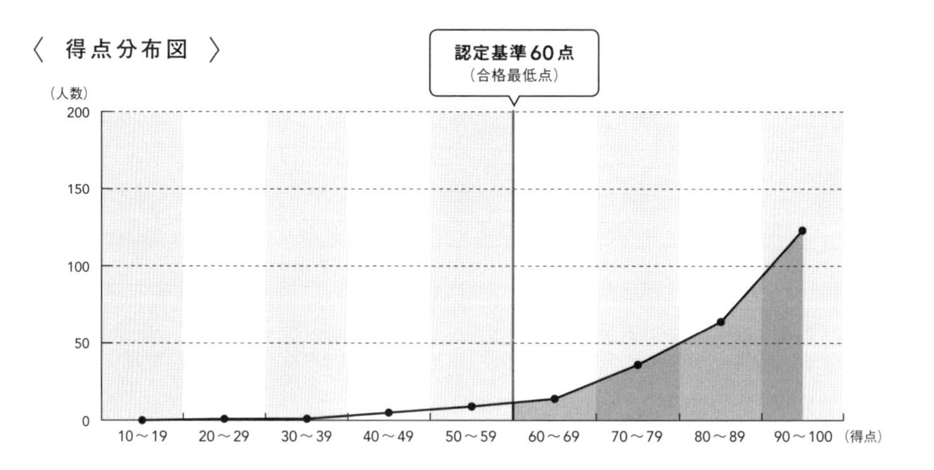

— 講 評 —

平均点は85.7点、認定率は96.0％と、前回の23年3月検定よりも微減したものの、依然として高い水準です。「ジャイアントパンダの保護区群」の保有国名を問う問題は全員が正解でした。一方、『ムザブの谷』の保有国名を問う設題は、正答率4割を切りました。ムザブの谷に関する問題は、どの検定回でも比較的正答率が低い傾向にあります。遺産名・国名・赤太字は必ずセットで覚えましょう。また、世界遺産委員会の開催国に関する設問も、正答を選んだのは半数程度でした。2024年の世界遺産委員会は、日本からも「佐渡島(さど)の金山」が審議予定です。開催国がインドであることも抑えておきましょう。

▶世界遺産条約に関する次の文章を読み、以下の問いに答えなさい。

[世界遺産とは、(a)人類や地球にとってかけがえのない価値をもつ建造物や遺跡、景観、自然などのことです。これらの遺産を、人類共通の財産として大切に守り、次の世代に受け継いでゆくことを目的として、1972年の(b)国際連合教育科学文化機関の総会で世界遺産条約が採択されました。世界遺産条約の誕生には、1960年にエジプトで始まった(c)アスワン・ハイ・ダムの建設が大きく関係しています。日本が世界遺産条約を締結したのは1992年のことで、その翌年に(d)日本で最初の世界遺産が4件誕生しました。また、1999年から10年間、(7)氏がアジア人初の事務局長を務めるなど、国際連合教育科学文化機関の活動を積極的に支えてきました。]

・下線部(a)「人類や地球にとってかけがえのない価値」とは何でしょうか。〈 2点 〉

[1] ① 壮大(そうだい)な歴史的価値　② 高度な科学的価値
③ 顕著(けんちょ)な普遍(ふへん)的価値　④ 莫大(ばくだい)な経済的価値

・下線部(b)「国際連合教育科学文化機関」の通称として、正しいものはどれでしょうか。〈 2点 〉

[2] ① アセアン(ASEAN)　② ユネスコ(UNESCO)
③ ナトー(NATO)　④ イーユー(EU)

・同じく「国際連合教育科学文化機関」に関し、その理念を示した「憲章(けんしょう)」前文の、次の文中の空欄に当てはまる語句は何でしょうか。〈 2点 〉

[戦争は人の心の中に生まれるものだから、人の心の中にこそ、(　　　)を築かなければならない。]

[3] ① 幸福の基礎　② 平和のとりで
③ 夢の架(か)け橋(はし)　④ 希望の楽園

・下線部(c)「アスワン・ハイ・ダム」の建設が行われた川はどれでしょうか。〈 2点 〉

[4] ① ナイル川
② ミシシッピ川
③ テムズ川
④ ザンベジ川

・下線部(d)「日本で最初の世界遺産」として登録された『法隆寺(ほうりゅうじ)地域の仏教建造物群』に関し、一帯に残る世界最古の木造建造物群が建てられた時代として、正しいものはどれでしょうか。〈 2点 〉

[5] ① 明治(めいじ)時代　② 飛鳥(あすか)時代
③ 弥生(やよい)時代　④ 江戸(えど)時代

・同じく日本で最初に世界遺産に登録された『屋久島』に関し、屋久島を代表する樹齢1,000年を超える植物はどれでしょうか。〈2点〉

[6] ① 屋久竹　② 屋久松
③ 屋久桜　④ 屋久杉

・文中の空欄（ 7 ）に入る人物として、正しいものはどれでしょうか。〈2点〉

[7] ① 山中伸弥　② 松浦晃一郎
③ 吉田茂　④ 緒方貞子

▶世界遺産の推薦や登録の条件に関する以下の問いに答えなさい。

・世界遺産に登録されるための条件として、正しいものはどれでしょうか。〈2点〉

[8] ① 観光収入があるなど、経済効果が大きいこと
② 2つ以上の登録基準にあてはまること
③ 各国の暫定リストにあらかじめ記載されていること
④ 遺産の保有国とは別に、複数の国からの推薦状があること

・世界遺産登録を目指す遺産の推薦書の提出先として、正しいものはどれでしょうか。〈2点〉

[9] ① 国際連合の広報センター
② 国際連合教育科学文化機関の世界遺産センター
③ 国際連合の国際観光状況研究所
④ 国際連合教育科学文化機関の国際教育局

・各国から推薦された遺産を審議する世界遺産委員会が下す決定として、<u>正しくないもの</u>はどれでしょうか。〈2点〉

[10] ① 登録　② 情報照会
③ 不登録　④ 仮登録

・次の文中の空欄に当てはまる語句として、正しいものはどれでしょうか。〈2点〉

> 2022年に開催予定だった第45回世界遺産委員会は、ロシア連邦によるウクライナへの侵攻のため延期となりました。その後開催地をロシアから（　　　）に変更して、2023年9月に開催されることが決まりました。

[11] ① サウジアラビア王国　② 日本国
③ アメリカ合衆国　④ イタリア共和国

▶ 世界遺産の登録地域に生息する動物のレポートを読んで、以下の問いに答えなさい。

動物の名前：ジャイアントパンダ
遺　産　名：四川省のジャイアントパンダ保護区群
保　有　国：(　**12**　)
説　　　明：この国で暮らす野生のジャイアントパンダ約1,860頭のうち、約30%がこの保護区群に生息しています。都市開発や環境の変化などによって数が減り、現在は絶滅危惧種に指定されています。

動物の名前：(　**13**　)
遺　産　名：白神山地
保　有　国：日本国
説　　　明：日本に分布するキツツキ科のなかで最大の鳥です。北海道や本州北部に分布し、青森県と秋田県にまたがる白神山地のブナの原生林にも生息しています。絶滅危惧種に指定されています。

動物の名前：セーブルアンテロープ
遺　産　名：(　**14**　)
保　有　国：ザンビア共和国、ジンバブエ共和国
説　　　明：ウシ科に属するレイヨウの仲間で、オス、メスともに大きな角があります。現地の人々から「ごう音を響かせる水煙」と呼ばれる滝の水と、その周辺の豊かな植生を求めて集まる多くの動物のひとつです。

動物の名前：ヒグマ
遺　産　名：知床
保　有　国：日本国
説　　　明：日本に生息する陸生哺乳類のなかでも最大の体長をもち、知床の(　**15**　)(自然界での食べる側と食べられる側との連続する関係)の頂点に立っています。日本では北海道のみに生息しています。

・空欄(　12　)に当てはまる語句として、正しいものはどれでしょうか。　〈2点〉

[**12**]
① アルゼンチン共和国
② インド
③ 中華人民共和国
④ モロッコ王国

・空欄（　13　）に当てはまる動物の名称と写真として、正しいものは次のどれでしょうか。〈 2点 〉

［ 13 ］

① オオワシ

② クマゲラ

③ クリオネ

④ シマフクロウ

・空欄（　14　）に入る語句として、正しいものはどれでしょうか。〈 2点 〉

［ 14 ］　① アンヘルの滝　② ヨセミテ滝
③ イグアスの滝　④ ヴィクトリアの滝（モシ・オ・トゥニャ）

・空欄（　15　）に入る語句として、正しいものはどれでしょうか。〈 2点 〉

［ 15 ］　① 自然淘汰　② 食物連鎖　③ 垂直分布　④ 適者生存

▶信仰や宗教にまつわる世界遺産に関する以下の問いに答えなさい。

・『「神宿る島」宗像・沖ノ島と関連遺産群』に関する説明として、正しくないものはどれでしょうか。
〈 2点 〉

［ 16 ］　① 沖ノ島は島そのものが神聖視されている
② 宗像大社は沖津宮、中津宮、辺津宮の三社からなる
③ 宗像大社では千手観音をまつっている
④ 沖ノ島は、航海の安全を祈る場所として国家的な祭祀が行われてきた

・フランス領ポリネシアの『タプタプアテア』にある、海辺に築かれたオロ神をまつる祭祀場を何というでしょうか。〈 2点 〉

［ 17 ］　① ラグーン　② ダンジョン　③ チャハル・バーグ　④ マラエ

・『イスタンブルの歴史地区』に関し、元々はキリスト教ギリシャ正教会の大聖堂だったものが、オスマン帝国時代にイスラム教のモスクに転用された建物として、正しいものはどれでしょうか。〈 2点 〉

［ 18 ］　① アヤ・ソフィア
② パルテノン神殿
③ サント・シャペル
④ サンタ・マリア・デル・フィオーレ大聖堂

・『古都奈良の文化財』に関し、仏教を信仰した聖武天皇が東大寺に建立した大仏として、正しいものはどれでしょうか。〈 2点 〉

[**19**]　① 阿弥陀如来（あみだにょらい）　② 盧舎那仏（るしゃなぶつ）　③ 観音菩薩（かんのんぼさつ）　④ 釈迦如来（しゃかにょらい）

・次の３つの説明文から推測される世界遺産はどれでしょうか。〈 2点 〉

— フランスにあるキリスト教の聖地である
— 聖ミカエルのお告げにより建てられた
— 潮が満ちると海に囲まれた孤島になる

[**20**]
① モン・サン・ミシェルとその湾
② メテオラの修道院群
③ クロンボー城
④ アルベロベッロのトゥルッリ

・宗教別世界遺産の件数が最も多い宗教として、正しいものはどれでしょうか（ただし、複数の宗教施設がある歴史地区や都市は含みません）。〈 2点 〉

[**21**]　① イスラム教　② 仏教　③ 神道（しんとう）　④ カトリック

▶世界遺産についての調べ学習を行った小学5年生のトウマが、学習の結果をまとめて発表した内容を読んで、以下の問いに答えなさい。

これから発表を始めます。

現在、世界遺産の数は世界中で1,157件です。世界遺産は、次の（**a**）3つに分類されます。素晴らしい建物や遺跡は主に「文化遺産」として、貴重な生態系や自然環境は主に「自然遺産」として、その両方の価値をもつものは「複合遺産」として登録されます。今回はそれらの世界遺産に生息する動物について調べ、レポートにまとめてみました。発表ではその中から2件を簡単に紹介します。

1978年に最初の世界遺産12件のうちのひとつとして登録されたエクアドルの世界遺産（**b**）『ガラパゴス諸島』は、大陸と陸続きになったことがない（**c**）海洋島です。そのため、そこに生息する動物たちは、大陸から隔絶された環境で独自の進化をとげました。そして、同じ種でも生息する島ごとに違う特徴をもつことがわかりました。島の名の由来となったゾウガメは、甲羅（こうら）の長さが1mを超す（**d**）世界最大のリクガメです。寿命が長く、150年以上生きた例も知られています。

ペルーの『（　**26**　）』という世界遺産は、15～16世紀のインカ帝国の都市遺跡です。インカの人々の高度な天文知識や石造技術の価値とともに、周囲にはアンデスイワドリや、メガネグマなどが生息する手つかずの自然が残されていることから、（**e**）複合遺産という形で登録されました。

以上で発表を終わります。ありがとうございました。

・下線部(a)「3つに分類」に関し、世界遺産の分類別の数を多い順に並べたものとして、正しいものはどれでしょうか。〈2点〉

[**22**] ① 自然遺産 → 文化遺産 → 複合遺産
② 複合遺産 → 文化遺産 → 自然遺産
③ 文化遺産 → 自然遺産 → 複合遺産
④ 文化遺産 → 複合遺産 → 自然遺産

・下線部(b)「ガラパゴス諸島」に関し、この地を訪れて進化論のアイデアを得て、『種の起源』を著したイギリスの博物学者は誰でしょうか。〈2点〉

[**23**] ① チャールズ・ダーウィン　② マリア・ライヘ
③ ハイラム・ビンガム　④ デイヴィッド・リヴィングストン

・下線部(c)「海洋島」に関し、「海洋島」である『小笠原諸島（おがさわらしょとう）』に関する次の文中の語句で、正しくないものはどれでしょうか。〈2点〉

[(① 鹿児島県)に属する『小笠原諸島』には、独自の進化をとげた固有種が多く生息しています。特にカタツムリの仲間である(② 陸産貝類（りくさんかいるい）)は約95%が固有種と考えられており、周辺の地域から流れ着いた種（しゅ）が、環境に順応してさまざまに分化した「(③ 適応放散（てきおうほうさん）)」の典型例です。人々が暮らすようになり(④ 外来種)が島々に入り込んだため、固有の生態系が脅（おびや）かされていることが問題となっています。]

[**24**] ① 鹿児島県　② 陸産貝類
③ 適応放散　④ 外来種

・下線部(d)「世界最大」に関し、世界最大級の墳墓である「仁徳天皇陵（にんとくてんのうりょう）古墳(大仙（だいせん）古墳)」を含む『百舌鳥（もず）・古市（ふるいち）古墳群』を築いた王権はどれでしょうか。〈2点〉

[**25**] ① 鎌倉（かまくら）王権　② 九州王権
③ 出雲（いずも）王権　④ ヤマト王権

・文中の空欄(　26　)に当てはまる世界遺産はどれでしょうか。〈2点〉

[**26**] ① アテネのアクロポリス
② ナスカとパルパの地上絵
③ マチュ・ピチュ
④ キリマンジャロ国立公園

・下線部(e)「複合遺産」として世界遺産に登録されている『ウルル、カタ・ジュタ国立公園』に関し、一帯を聖地とする先住民族はどれでしょうか。〈2点〉

[**27**] ① マサイ族　② アボリジニ　③ ベルベル人　④ シェルパ族

▶**世界遺産に生息する動物たちについてのトウマの発表に対する、児童たちの質問とトウマの回答を読んで、以下の問いに答えなさい。**

先　生：それではこれから質問の時間を設けます。トウマさんの発表に質問がある人は、挙手をお願いします。はい、それではＡさん、どうぞ。

児童Ａ：ゾウガメがガラパゴス諸島の名前の由来というのは、どういうことですか。そもそも「ガラパゴス」ってどういう意味ですか？

トウマ：「ガラパゴス」は(**a**)スペイン語でゾウガメを意味する「ガラパゴ」からきています。島を発見したスペイン人がゾウガメを見て「ゾウガメの島」と名づけたといわれています。

児童Ｂ：世界では密猟や環境破壊のために野生動物が激減しているという話を聞きます。ガラパゴス諸島ではどうですか？

トウマ：ガラパゴス諸島は観光地化や人口の増加、外来種の繁殖などで世界遺産としての価値が危機に直面しているとして、2007年に「(**b**)危機遺産リスト」に記載されました。しかし、島を守ろうとするエクアドル政府の取り組みによって、2010年に危機遺産リストから脱することができました。

児童Ｃ：世界遺産の数は1,000件以上ありますね。そのうち日本には何件あるのですか？

トウマ：日本には現在(　**30**　)件の世界遺産があります。世界で11番目に多いです。直近では(**c**)2021年に２件登録されました。

児童Ｄ：(**d**)「富士山*」も世界遺産だと聞きましたが、自然遺産ですか？

トウマ：「富士山」は文化遺産です。古くから激しい噴火活動を繰り返してきた富士山は、人々から恐れられると同時に(**e**)霊山として神聖視されてきました。信仰の対象であるだけでなく、(**f**)芸術や文学の題材として知られ、そのために自然遺産ではなく文化遺産として登録されました。

先　生：トウマさん、皆さん、ありがとうございました。

*正式名称は『富士山―信仰の対象と芸術の源泉』

・下線部(a)「スペイン」に関し、スペインの世界遺産『サンティアゴ・デ・コンポステーラの巡礼路：カミノ・フランセスとスペイン北部の道』のサンティアゴ・デ・コンポステーラ大聖堂にまつられている聖人は誰でしょうか。　〈２点〉

[**28**]　① 聖ミカエル　② 聖ヤコブ　③ 聖ペテロ　④ 聖パウロ

・下線部(b)「危機遺産」に関し、危機遺産の説明として、正しいものはどれでしょうか。　〈２点〉

[**29**]
① 危機遺産リストに記載された遺産の保有国は罰金を支払わなければならない
② 危機遺産リストに記載されて一定期間内に脱することができない遺産は、世界遺産リストから削除される
③ リビアやシリアのように、過激派の破壊活動や紛争の被害などによって、その国のすべての遺産が危機遺産リストに記載されることがある
④ 危機遺産リストに掲載されてから削除された遺産はこれまでに１件もない

・文中の空欄（　30　）に当てはまる数として、正しいものはどれでしょうか。〈 2点 〉

[30]　① 18　② 22　③ 25　④ 30

・下線部（c）「2021年」に登録された『奄美大島、徳之島、沖縄島北部及び西表島』の説明として、正しいものはどれでしょうか。〈 2点 〉

[31]
① 日本唯一の飛べない鳥であるヤンバルクイナは、沖縄島北部に生息している
② 島々には1,000 mを超える山々が連なり「洋上のアルプス」と呼ばれる
③ 島々にはブナをはじめトチノキやミズナラ、ハイマツなどの原生林が広がる
④ この地域は1,200万年前頃は北米大陸の一部だった

・下線部（d）「富士山」に関し、富士山の噴火を鎮めるため、天皇の命により坂上田村麻呂が建てた神社はどれでしょうか。〈 2点 〉

[32]
① 富士山本宮浅間大社　② 伏見稲荷大社
③ 熊野本宮大社　④ 賀茂別雷神社

・下線部（e）「霊山」に関し、『紀伊山地の霊場と参詣道』にある3つの霊場とそれを結ぶ参詣道の一帯でみられる、日本固有の神道と大陸伝来の仏教が混ざり合った信仰形態は何でしょうか。〈 2点 〉

[33]
① 殖産興業　② ニライカナイ
③ 神仏習合　④ 精霊信仰

・下線部（f）「芸術」に関し、14世紀に始まった芸術運動であるルネサンスの中心地であった『フィレンツェの歴史地区』は、地図上のどこにあるでしょうか。〈 2点 〉

[34]

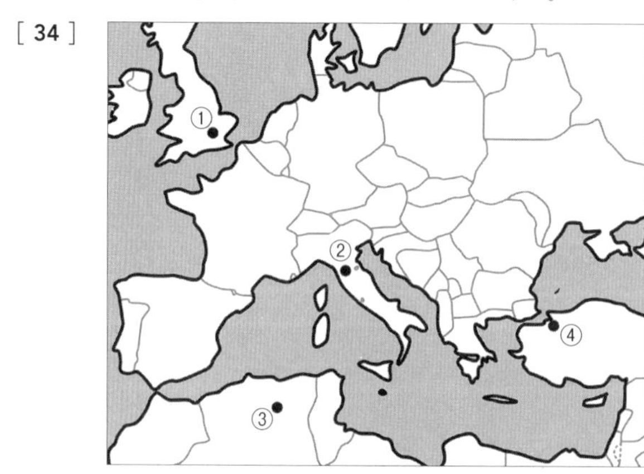

▶集落にまつわる世界遺産に関する以下の問いに答えなさい。

・岐阜県にある白川郷(しらかわごう)と富山県にある五箇山(ごかやま)は日本有数の豪雪地帯にあり、自然環境に合わせた特徴的な形の家屋が世界遺産となっています。これらの家屋のつくりを何というでしょうか。〈２点〉

[**35**]　① 校倉造り(あぜくらづくり)　② 浅間造り(せんげんづくり)　③ 木骨(もっこつ)レンガ造り(づくり)　④ 合掌造り(がっしょうづくり)

・『北海道・北東北の縄文遺跡群』は、縄文時代の定住生活の様子を伝える世界遺産です。その構成資産のひとつで、青森県青森市にある大規模集落跡はどれでしょうか。〈２点〉

[**36**]　① 柳之御所遺跡(やなぎのごしょ)　② 石舞台古墳(いしぶたい)　③ 三内丸山遺跡(さんないまるやま)　④ 忍野八海(おしのはっかい)

・イスラム教徒のムザブ族が11～12世紀に築いた城塞都市が点在する『ムザブの谷』があるのは、どの国でしょうか。〈２点〉

[**37**]　① アルジェリア民主人民共和国　② エジプト・アラブ共和国
③ イラン・イスラム共和国　④ ベネズエラ・ボリバル共和国

▶第二次世界大戦にまつわる世界遺産に関する、以下の問いに答えなさい。

・第二次世界大戦中、白い壁が空襲の目標とならないように黒い網がかけられ、焼失を免(まぬが)れた『姫路城(ひめじじょう)』に関する説明として、正しいものはどれでしょうか。〈２点〉

[**38**]　① 明治時代の廃城令によって一度は解体された
② 江戸時代に池田輝政(いけだてるまさ)の大改築や本多忠政(ほんだただまさ)の増築をへて、ほぼ現在の姿になった
③ 城は大阪府に位置している
④「令和の大修理」では天守閣を解体し礎石などが取り替えられた

・『琉球(りゅうきゅう)王国のグスク及び関連遺産群』に関し、次の３つの説明文から推測される構成資産として、正しいものはどれでしょうか。〈２点〉

— かつての琉球国王の居城だった
— 1945年の沖縄戦で正殿が焼失し、戦後復元されるも2019年に再び焼失した
— 世界遺産にはグスク跡が登録されている

[**39**]　① 中城城跡(なかぐすくじょうあと)　② 勝連城跡(かつれんじょうあと)　③ 今帰仁城跡(なきじんじょうあと)　④ 首里城跡(しゅりじょうあと)

・『アウシュヴィッツ・ビルケナウ：ナチス・ドイツの強制絶滅収容所（1940-1945）』は、ユダヤ人の大量殺戮(さつりく)を目的として、第二次世界大戦中にナチス・ドイツによって建設された施設です。この大量殺戮を何というでしょうか。〈２点〉

[**40**]　① ピロティ　② ンガジェンガ　③ ホロコースト　④ カイマクル

・『広島平和記念碑（きねんひ）（原爆（げんばく）ドーム）』について説明している次の英文の空欄に当てはまる、「核兵器」を意味する語句として正しいものはどれでしょうか。〈2点〉

［ The Genbaku Dome appeals to the hope for the abolition of (　　　) and everlasting peace worldwide. ］

[41]
① battleship　② Japanese sword
③ missile　④ nuclear weapons

・「アウシュヴィッツ・ビルケナウ」や「原爆ドーム」などは「負の遺産」であると考えられています。「負の遺産」の説明として<u>正しくないもの</u>はどれでしょうか。〈2点〉

[42]
①「負の遺産」は、世界遺産条約で正式に定義されている
② 近現代の戦争や人種差別、奴隷（どれい）貿易など、人類が起こした過ちを記憶にとどめ教訓とするための遺産である
③「負の遺産」は過去の反人道的（はんじんどうてき）な行為を二度と繰り返さないようにするという強いメッセージを発信している
④ 有色人種などの収容施設があった南アフリカ共和国の『ロベン島』も「負の遺産」であると考えられている

▶ 日本の産業にまつわる世界遺産に関する以下の問いに答えなさい。

・『石見銀山（いわみぎんざん）遺跡とその文化的景観』に関し、銀などの鉱石を掘るためにつくられた手掘（てぼ）りの坑道（こうどう）の呼び名は何でしょうか。〈2点〉

[43]
① 石道（いしみち）　② 銀通（ぎんどおし）
③ 竪穴（たてあな）　④ 間歩（まぶ）

・『富岡製糸場（とみおかせいしじょう）と絹産業遺産群』に関し、富岡製糸場を築くために明治政府が招いたフランス人技術者として、正しいものはどれでしょうか。〈2点〉

[44]
① トーマス・グラバー　② ポール・ブリュナ
③ ムムターズ・マハル　④ アーネスト・ヘミングウェイ

・『明治日本の産業革命遺産　製鉄（せいてつ）・製鋼（せいこう）、造船（ぞうせん）、石炭（せきたん）産業』の<u>構成資産をもたない都道府県</u>はどれでしょうか。〈2点〉

[45]
① 福岡県　② 東京都
③ 山口県　④ 長崎県

・『ローマの歴史地区と教皇領、サン・パオロ・フォーリ・レ・ムーラ聖堂』に関し、構成資産の写真の組み合わせとして正しいものはどれでしょうか。〈２点〉

ア

イ

ウ

エ

[46]　① ア ― イ　② イ ― ウ　③ ウ ― エ　④ ア ― エ

▶世界遺産の写真を見て、以下の問いに答えなさい。

・次の写真は、『長崎と天草(あまくさ)地方の潜伏(せんぷく)キリシタン関連遺産』に含まれる大浦天主堂の敷地にあるレリーフで、1865年に潜伏キリシタンたちが大浦天主堂を訪れて信仰を打ち明けた出来事を描いています。この出来事を何というでしょうか。〈２点〉

[47]　① 信仰維持(いじ)
② 信徒(しんと)再来
③ 信仰表明
④ 信徒発見

・次の写真は、『ル・コルビュジエの建築作品：近代建築運動への顕著(けんちょ)な貢献(こうけん)』の構成資産です。建造物の名前として、正しいものはどれでしょうか。〈２点〉

[48]　① 国立民族学博物館
② 東京国立近代美術館
③ 京都国立博物館
④ 国立西洋美術館

・次の歴史上の人物ア、イ、ウと関係の深い世界遺産の写真A、B、Cとの組み合わせとして、正しいものはどれでしょうか。 〈 2点 〉

ア. 徳川家康（とくがわいえやす）

イ. 平 清盛（たいらのきよもり）

ウ. 藤原清衡（ふじわらのきよひら）

A. 中尊寺（ちゅうそんじ）

B. 東照宮（とうしょうぐう）

C. 厳島神社（いつくしま）

[49] ① ア ― A、イ ― C、ウ ― B　② ア ― B、イ ― A、ウ ― C
③ ア ― B、イ ― C、ウ ― A　④ ア ― C、イ ― B、ウ ― A

・『古都京都の文化財』の構成資産として、正しいものはどれでしょうか。 〈 2点 〉

[50]

① 唐招提寺（とうしょうだいじ）

② 平等院（びょうどういん）

③ 輪王寺（りんのうじ）

④ 薬師寺（やくしじ）

過去問題 4級

2023年12月 実施

認定率・講評

〈 集計データ 〉

最高点	最低点	平均点	認定点	受検者数	認定者数	認定率
100点	24点	85.8点	60点	131人	123人	93.9%

〈 得点分布図 〉

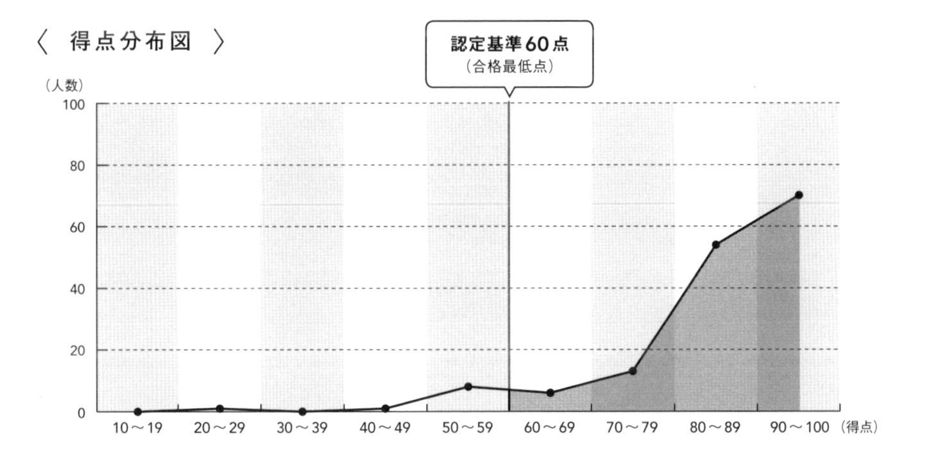

— 講 評 —

今回の認定率は93.9％で、前回(23年7月検定)からわずかに低下しましたが、平均点は85.8点と前回検定よりも微増しました。基礎知識の問題をはじめ全体的に正答率が高く、よく解けていました。正答率が3割程度だったのは、『古都奈良の文化財』の英文問題と、『タプタプアテア』の保有国を問う問題でした。タプタプアテアはフランス領ポリネシアにある世界遺産です。オーストラリアなど太平洋の国の遺産と間違いやすいので注意しましょう。また、4級では英文問題が必ず出題されます。日本語の赤太字・太字と同じように、英文の赤太字も抑えておきましょう。

▶ **世界遺産条約に関する次の文章を読み、以下の問いに答えなさい。**

［ 世界遺産とは、(a)人類や地球にとってかけがえのない価値をもつ建造物や遺跡、景観、自然などのことです。これらの遺産を、人類共通の財産として大切に守り、次の世代に受け継いでゆくことを目的として、1972年に(b)ユネスコの総会で世界遺産条約が採択されました。世界遺産条約の誕生には、1960年にエジプトのナイル川で始まった（ 4 ）の建設が大きく関係しています。 ］

・下線部(a)について、世界遺産がもつ「人類や地球にとってかけがえのない価値」とは何でしょうか。 〈 2点 〉

[1]
① 壮大(そうだい)な歴史的価値
② 顕著(けんちょ)な普遍(ふへん)的価値
③ 莫大(ばくだい)な経済的価値
④ 明白な科学的価値

・下線部(b)「ユネスコ」の正式名称はどれでしょうか。 〈 2点 〉

[2]
① 国際連合環境開発計画
② 国際連合観光開発機関
③ 国際連合教育科学文化機関
④ 国際連合児童基金

・同じく「ユネスコ」に関し、その理念を示した「ユネスコ憲章(けんしょう)」前文に書かれている、次の文中の空欄(くうらん)に当てはまる語句として、正しいものはどれでしょうか。 〈 2点 〉

［ 戦争は人の心の中に生まれるものだから、人の心の中にこそ、（ ）を築かなければならない。 ］

[3]
① 平和のとりで
② 平和の楽園
③ 希望の架(か)け橋(はし)
④ 希望のきずな

・文中の空欄（ 4 ）に入る建造物はどれでしょうか。 〈 2点 〉

[4]
① フォロ・ロマーノ
② クロンボー城
③ ロイヤル・ホテル
④ アスワン・ハイ・ダム

▶ **世界遺産の基礎知識に関する以下の問いに答えなさい。**

・登録基準の説明として、正しいものはどれでしょうか。〈 2点 〉

[**5**] ① 登録基準は20項目からなる
② 世界遺産に登録されるには、2つ以上の登録基準にあてはまらなければならない
③ 登録基準を見ると、その世界遺産の価値がわかる
④ 自然遺産と文化遺産の価値を示す登録基準は同じ数だけある

・建造物や遺跡、景観、自然などを世界遺産として守ることの意義として、正しくないものはどれでしょうか。〈 2点 〉

[**6**] ① 世界の多様性を知るため
② 遺産をもつ国・地域の経済を活性化するため
③ 平和な世界の実現につなげるため
④ 世界中の大切なものを守るため

・世界遺産への登録を目指す遺産を記載している各国の候補リストは、どれでしょうか。〈 2点 〉

[**7**] ① 予備リスト
② 待機リスト
③ 確定リスト
④ 暫定(ざんてい)リスト

・危機遺産の説明として正しいものはどれでしょうか。〈 2点 〉

[**8**] ① 世界遺産としての価値が危機に直面している遺産は、「危機遺産リスト」に記載される
②「危機遺産リスト」に記載された遺産の保有国は罰金を支払う
③ 経済効果の薄れた世界遺産が「危機遺産リスト」に記載される
④ 日本の世界遺産のうち、5件が危機遺産である

・世界遺産リストから削除された遺産に関する次の文中の空欄に当てはまる語句として、正しいものはどれでしょうか。〈 2点 〉

[オマーンの世界遺産「(　　　)の保護地区」は、資源開発のために保護地区の9割が削減されたため、2007年に世界遺産リストから削除されました。]

[**9**] ① アフリカゾウ
② オセロット
③ アラビアオリックス
④ イグアナ

▶ **日本の世界遺産に関する文章を読んで、以下の問いに答えなさい。**

> 日本が世界遺産条約を締結したのは、ユネスコ総会での世界遺産条約採択から20年後の1992年のことでした。その翌年の1993年、日本で最初の世界遺産として(**a**)『法隆寺地域の仏教建造物群』と、(**b**)『姫路城』、(**c**)『白神山地』、『屋久島』の4件が登録されました。その後も多くの(**d**)世界遺産が誕生しています。

・下線部(a)『法隆寺地域の仏教建造物群』に関し、法隆寺の起源となった若草伽藍(斑鳩寺)を建立した人物(　A　)と、建造物群がつくられた時代(　B　)の組み合わせとして、正しいものはどれでしょうか。 〈 2点 〉

[**10**]
① A. 厩戸王(聖徳太子) — B. 飛鳥時代
② A. 厩戸王(聖徳太子) — B. 鎌倉時代
③ A. 平清盛 — B. 飛鳥時代
④ A. 平清盛 — B. 鎌倉時代

・下線部(b)『姫路城』に関し、江戸時代初期に姫路城をほぼ現在の姿に改築した姫路藩初代藩主は誰でしょうか。 〈 2点 〉

[**11**]
① 徳川家光　② 豊臣秀吉
③ 毛利元就　④ 池田輝政

・下線部(c)『白神山地』に関し、白神山地に生息する特別天然記念物として正しい動物はどれでしょうか。 〈 2点 〉

[**12**]

① ウミイグアナ

② ニホンカモシカ

③ ジャイアントパンダ

④ セーブルアンテロープ

・下線部(d)「世界遺産が誕生」に関し、2023年10月時点の日本の世界遺産の数として、正しいものはどれでしょうか。〈2点〉

[13] ① 18件 ② 25件
③ 33件 ④ 40件

▶ **日本の寺社にまつわる世界遺産に関する以下の問いに答えなさい。**

・『厳島(いつくしま)神社』の登録範囲に含まれるものとして、正しいものはどれでしょうか。〈2点〉

[14] ① 社殿背後にそびえる弥山(みせん) ② キリスト教徒の墓地
③ 円錐形の屋根をもつ住宅 ④ 社殿を整えた源頼朝の古墳

・『古都京都の文化財』に関する次の文中の空欄に当てはまる語句として、正しいものはどれでしょうか。〈2点〉

[1,000年にわたって日本の都であった京都は、長い歴史のなかで数々の戦乱の舞台となり、木造建築である寺社の多くは戦火により焼失してしまいました。特に、室町幕府(むろまちばくふ)8代将軍足利義政(あしかがよしまさ)の後継者争いを原因として起きた(　　　)では、主な戦場となった京都全域が大きな被害を受けました。]

[15] ① 明治維新(めいじいしん) ② 第一次世界大戦
③ 関ヶ原(せきがはら)の戦い ④ 応仁(おうにん)の乱

・『平泉─仏国土(ぶっこくど)(浄土(じょうど))を表す建築・庭園及び考古学的遺跡群─』は、地図上のどこにあるでしょうか。〈2点〉

[16]

▶冬休みの予定について話す、高校生のナナミとココロの会話を読んで、以下の問いに答えなさい。

ナナミ：来週から冬休みだね。ココロ、今年は何か予定ある？
ココロ：特に予定なし。だって冬は寒いから、外に出たくない。ナナミは？
ナナミ：冬には冬しかできないことがあるよ。私はスノボに行くよ！　(a)北海道のニセコってところ。
ココロ：ニセコって聞いたことあるけど、どんなところ？
ナナミ：北海道でも南のほう、札幌(さっぽろ)なんかと同じ道央(どうおう)という地域ね。「北海道の(b)富士山」って呼ばれている羊蹄山(ようていざん)とか、ニセコアンヌプリっていう(c)火山が有名な、自然豊かな街だよ。アウトドアスポーツが盛んで、スキー場もたくさんあるの。
ココロ：スキー場なら地元の(d)群馬県にもあるし、近場なら長野とかも多いんじゃない。
ナナミ：群馬や長野のスキー場も素敵なんだけど、ニセコは(e)雪の質に惹かれたスキー客が世界中から集まってくるの。以前にお父さんが行ったときは、レストランやホテルで(f)英語が飛び交っていたそうよ。
ココロ：海外好きのナナミには、それも楽しみなのね。ところで、ニセコアンヌプリっていうのは、(g)先住民のアイヌの言葉なのかな？　どういう意味なんだろう。
ナナミ：調べてみるね。えーっと、ニセコは「切り立った崖(がけ)」で、ニセコアンになると「切り立った崖の下を流れる川」、そしてヌプリは「山」という意味。だから、ニセコアンヌプリは「切り立った崖と、その下を流れる川がある山」という意味らしい。
ココロ：へぇえ。アイヌ語って面白いね。冬休みはアイヌの言葉について家で調べてみようかな。
ナナミ：結局、ココロは冬休みをインドアで過ごすのね。

・下線部(a)「北海道」に関し、北海道の世界遺産『知床(しれとこ)』の説明として正しいものはどれでしょうか。〈２点〉

[17]
① 偏西風(へんせいふう)で運ばれる湿った空気が山間部にぶつかり、多量の雨を降らせる
② 万年雪から流れ出す川の水が、地域の生物多様性を生み出している
③ 食物連鎖(しょくもつれんさ)を通じて海から山まで一体となった生態系が特徴である
④ 豊かな自然と先住民の文化が評価された複合遺産である

・下線部(b)「富士山」に関し、『富士山─信仰の対象と芸術の源泉(げんせん)』の富士山を題材に含む作品として、正しくないものはどれでしょうか。〈２点〉

[18]
① 葛飾北斎(かつしかほくさい)『富嶽三十六景(ふがくさんじゅうろっけい)』
② 夏目漱石(なつめそうせき)『吾輩(わがはい)は猫である』
③ 歌川広重(うたがわひろしげ)『東海道五十三次(とうかいどうごじゅうさんつぎ)』
④ 太宰治(だざいおさむ)『富嶽百景(ふがくひゃっけい)』

・下線部(c)「火山」に関し、アフリカの世界遺産『キリマンジャロ国立公園』の中心であるアフリカ最高峰のキリマンジャロはどの種類の火山でしょうか。〈２点〉

[19]　① 成層(せいそう)火山　② 塔状(とうじょう)火山　③ 楯状(たてじょう)火山　④ 溶岩ドーム

・下線部(d)「群馬県」にある世界遺産『富岡製糸場と絹産業遺産群』に関する次の文中の空欄に当てはまる語句として、正しいものはどれでしょうか。 〈2点〉

［ 富岡製糸場は、日本古来の木造の柱に西欧伝来のレンガを組み合わせた「(　　　)」と呼ばれるつくりになっています。 ］

[20]
① 鉄筋コンクリート造
② 校倉造
③ 焼成レンガ造
④ 木骨レンガ造

・下線部(e)「雪」に関し、日本有数の豪雪地帯にある『白川郷・五箇山の合掌造り集落』がある都道府県の組み合わせとして、正しいものはどれでしょうか。 〈2点〉

[21]
① 長野県 — 富山県
② 長野県 — 新潟県
③ 岐阜県 — 富山県
④ 岐阜県 — 新潟県

・下線部(f)「英語」に関し、『古都奈良の文化財』について説明した次の英文の空欄に当てはまる、「国際的な」を意味する語句として正しいものはどれでしょうか。 〈2点〉

［ Heijo-kyo was the capital of Japan in the 8th century. Influenced by the cultures of Tang Dynasty China and western Asia, (　　　) culture known as Tenpyo developed there. ］

[22]
① endemic
② cosmopolitan
③ independent
④ transboundary

・下線部(g)「先住民」に関し、オーストラリアの世界遺産『ウルル、カタ・ジュタ国立公園』の地域で、伝統的な生活を営んでいる先住民として正しいものはどれでしょうか。 〈2点〉

[23]
① アボリジニ
② ベルベル人
③ シェルパ族
④ マサイ族

▶墓所・霊廟などにまつわる世界遺産に関する以下の問いに答えなさい。

・インドの世界遺産『タージ・マハル』に関する説明として、正しいものはどれでしょうか。〈 2点 〉

［ **24** ］　① 11～12世紀ごろ、ムザブ族が築いた城塞都市である
② 13世紀半ば、聖遺物を納めるために築かれたゴシック様式の聖堂である
③ 17世紀半ば、ムガル帝国の皇妃ムムターズ・マハルのために築かれた霊廟である
④ 8世紀初頭、聖ミカエルのお告げに従って建てられた聖堂である

・『北海道・北東北の縄文遺跡群』に関する次の文中の空欄に当てはまる正しい語句はどれでしょうか。〈 2点 〉

［ 『北海道・北東北の縄文遺跡群』は、縄文時代の人々が狩猟や採集、漁労を行いながら（　　　）をし、祭祀や儀礼の場や墓などに見られる成熟した精神文化を築いていたことを証明する遺跡群です。 ］

［ **25** ］　① 遊牧生活　② 農耕生活　③ 放浪生活　④ 定住生活

・『百舌鳥・古市古墳群』の構成資産で、日本最大の古墳である大仙古墳は、誰の墳墓であると考えられているでしょうか。〈 2点 〉

［ **26** ］　① 仁徳天皇
② 昭和天皇
③ 後醍醐天皇
④ 推古天皇

・チリ共和国の『アリカ・イ・パリナコータ州におけるチンチョーロ文化の集落と人工ミイラ製造技術』に関し、チンチョーロ文化の人々が暮らしていた砂漠地域はどれでしょうか。〈 2点 〉

［ **27** ］　① ゴビ砂漠　② アタカマ砂漠　③ サハラ砂漠　④ ナミブ砂漠

・『始皇帝陵と兵馬俑坑』に関し、始皇帝の説明として、正しいものはどれでしょうか。〈 2点 〉

［ **28** ］　① インドで仏教を創始した人物
② 日本にキリスト教を伝えた人物
③ 中国で初めて統一国家を築いた人物
④ 琉球王国の基礎を築いた人物

・『日光の社寺』に関し、徳川家康をまつる東照宮にある建物を写した画像として、正しいものはどれでしょうか。 〈 2点 〉

[**29**]

①

②

③

④

▶ 日本と世界の、信仰にまつわる世界遺産に関する以下の問いに答えなさい。

・『長崎と天草地方の潜伏キリシタン関連遺産』に関し、潜伏キリシタンの説明として正しいものはどれでしょうか。 〈 2点 〉

[**30**]
① 禁教期でも、特別にキリスト教信仰と布教を許された人々である
② 禁教期に仏教や神道の信者のふりをしながらキリスト教信仰を続けた人々である
③ 弾圧を逃れ、渓谷の洞窟に隠れて信仰を続けた人々である
④ 弾圧に屈して一度は信仰を捨てたが、明治時代に再び信者となった人々である

・高さ約20～400 mの奇岩の頂上部分に修道院が立つギリシャ共和国の世界遺産『メテオラの修道院群』の登録分類として、正しいものはどれでしょうか。 〈 2点 〉

[**31**]
① 複合遺産
② 文化遺産
③ 危機遺産
④ 自然遺産

・『「神宿る島」宗像・沖ノ島と関連遺産群』に関する次の文中の語句で、正しいものはどれでしょうか。 〈 2点 〉

［ (① 山口県)にある沖ノ島は、4世紀後半から約500年もの間、(② 火山の噴火を鎮める)場所として、(③ 岩の上や岩陰)などで祭祀が行われていました。宗像大社は(④ イエス・キリスト)をまつっており、沖ノ島と宗像大社で日本古来の信仰が自然崇拝から人の姿をした神へと移り変わったことを証明しています。 ］

［ 32 ］ ① 山口県 ② 火山の噴火を鎮める
③ 岩の上や岩陰 ④ イエス・キリスト

・『サンティアゴ・デ・コンポステーラの巡礼路：カミノ・フランセスとスペイン北部の道』に関し、巡礼路の目的地であるサンティアゴ・デ・コンポステーラ大聖堂は、誰の墓の上に建てられたのでしょうか。 〈 2点 〉

［ 33 ］ ① ロムルス ② 女神アテナ
③ クフ王 ④ 聖ヤコブ

▶西表島を訪れた会社員のショウタが、中国出身の友人、陳に宛てたメールを読んで、以下の問いに答えなさい。

陳さん、元気？

ショウタです。久しぶり。いつもあちこち旅をしているあなたは、今どこにいるのかな？

旅好きの陳さんに、ぼくがおすすめする冬の日本の旅スポットを紹介します。(a)沖縄といえば夏のイメージですが、そのなかでも南にある(b)西表島は、実は冬こそ行くべきところなんです。なぜなら、人が少なくどこも貸し切り状態だし、料金も安いから(笑)。

しかも(c)亜熱帯だから、そんなに寒くない。自然の楽園に貴重な動植物が生息していて、独自の進化を遂げた生物が多いことから、世界遺産の(　37　)と同じく「東洋の(d)ガラパゴス」ともいわれます。島の成立過程はそれぞれ違っているんだけどね。

今回、ぼくは人生で初めて、マングローブ林でカヌーを体験しました。川は、流れは速くないけど漕ぐのはやっぱり大変だった。日頃の運動不足を実感しました。運よく天候に恵まれ、真っ青な(e)空と海、そして夜には澄んだ星空を見ることができたのが一番の思い出。(f)北半球では見ることが難しい南十字星も観測できた。陳さんは見たことあるかな？

西表島は2021年に(g)世界遺産に登録されました。そういえば、2021年の(h)世界遺産委員会は、あなたの地元の福建省福州市で行われましたね。

またお会いして、世界遺産に詳しい陳さんの話を聞きたいな。日本に来るときは、ぜひ連絡ください。

ショウタより

・下線部(a)「沖縄」に関し、現在の沖縄県地域はかつて琉球(りゅうきゅう)と呼ばれており、12～16世紀には各地で力をもった「按司(あじ)」と呼ばれる豪族が勢力を争っていました。彼らが築いた城を何というでしょうか。〈 2点 〉

[34] ① ラビリンス ② ダンジョン ③ グスク ④ モスク

・下線部(b)「西表島」に関し、『奄美大島(あまみおおしま)、徳之島(とくのしま)、沖縄島(おきなわじま)北部及び西表島』について説明した次の文中の空欄に当てはまる語句はどれでしょうか。〈 2点 〉

[『奄美大島、徳之島、沖縄島北部及び西表島』のある琉球列島は、1,200万年前頃にはユーラシア大陸の一部でしたが、プレートの動きによって「(　　　)」と呼ばれる海域ができて大陸から切り離され、少しずつ島に分かれていきました。]

[35] ① 沖縄トラフ ② 奄美シー ③ 徳之島ビーチ ④ 西表マリーン

・下線部(c)「亜熱帯」に関し、『屋久島(やくしま)』では海岸線から山頂へと標高が上がるごとに、亜熱帯から亜寒帯までの異なる植生が見られるのが特徴です。このような現象を何というでしょうか。〈 2点 〉

[36] ① 植物の弱肉強食 ② 植物の相互進化(そうごしんか)
③ 植物の水平移動 ④ 植物の垂直(すいちょく)分布

・次の3つの説明文から推測される、文中の空欄(37)に当てはまる世界遺産はどれでしょうか。〈 2点 〉

— 大陸などと一度も陸続きになったことがない海洋島である
— カタツムリの仲間である陸産貝類(りくさんかいるい)は、確認された約95%が固有種と考えられている
— グリーンアノールなどの外来種が固有の生態系を脅かしていることが問題となっている

[37] ① ロス・グラシアレス国立公園 ② 小笠原諸島(おがさわらしょとう)
③ サガルマータ国立公園 ④ ナスカとパルパの地上絵

・下線部(d)「ガラパゴス」に関し、『ガラパゴス諸島』を訪れて進化論のアイデアを得て、『種の起源』を著(あらわ)した人物は誰でしょうか。〈 2点 〉

[38] ① ハイラム・ビンガム ② デイヴィッド・リヴィングストン
③ チャールズ・ダーウィン ④ アンドレ・マルロー

・下線部(e)「空」に関し、ゾロアスター教で重視された要素である「空」と「水」、「大地」、「植物」で構成された『ペルシア庭園』の庭園設計を何というでしょうか。〈 2点 〉

[39] ① 四分(しぶ)庭園 ② コロニアル様式 ③ 浄土(じょうど)庭園 ④ 枯山水(かれさんすい)

・下線部(f)「北半球」に位置する世界遺産『自由の女神像』に関し、女神像がフランスからアメリカに贈られた理由は何でしょうか。〈 2点 〉

[**40**] ① 第二次世界大戦の勝利を祝うため
② 南北戦争の終結を祝うため
③ イエス・キリスト生誕2000年を祝うため
④ アメリカ合衆国独立100周年を祝うため

・下線部(g)「世界遺産」に関し、2023年10月時点の世界遺産の総数はいくつでしょうか。〈 2点 〉

[**41**] ① 365件　② 1,199件
③ 2,043件　④ 3,250件

・下線部(h)「世界遺産委員会」の委員国数として、正しいものはどれでしょうか。〈 2点 〉

[**42**] ① 7ヵ国　② 21ヵ国
③ 42ヵ国　④ 63ヵ国

▶文化的景観が認められている世界遺産に関する以下の問いに答えなさい。

・文化的景観の概念の説明として、正しいものはどれでしょうか。〈 2点 〉

[**43**] ① 古代文明の文化を今に伝える景観
② 自然の要素を排除した人工的な景観
③ 人間が自然環境をいかしながらつくり上げた固有の文化がみられる景観
④ 地球の歴史や動植物の進化を伝える、ありのままの自然景観

・『紀伊山地(きいさんち)の霊場(れいじょう)と参詣道(さんけいみち)』の一帯でみられる、日本固有の神道(しんとう)と大陸伝来の仏教が混ざり合った信仰形態を何というでしょうか。〈 2点 〉

[**44**] ① 神仏習合(しんぶつしゅうごう)　② 廃仏毀釈(はいぶつきしゃく)
③ 阿弥陀(あみだ)信仰　④ 精霊(せいれい)信仰

・右の写真は、『石見銀山(いわみぎんざん)遺跡とその文化的景観』の鉱山(こうざん)にある、銀などの鉱石(こうせき)をとるための手掘(てぼ)りの坑道(こうどう)です。この坑道を何というでしょうか。〈 2点 〉

[**45**] ① 回廊(かいろう)
② 伽藍(がらん)
③ 狭間(さま)
④ 間歩(まぶ)

・オロ神をまつる祭祀場であるマラエが築かれ、文化的景観が認められた『タプタプアテア』は、どこの国の世界遺産でしょうか。〈 2点 〉

[46] ① フランス共和国　② オーストラリア連邦
③ メキシコ合衆国　④ ベネズエラ・ボリバル共和国

▶ **日本と世界の産業遺産に関する、以下の問いに答えなさい。**

・イギリス中部の『ダーウェント峡谷の工場群』は、リチャード・アークライトが発展させた紡績技術を最大限に活用するためつくられた工場群です。これらの工場の紡績機は、何を動力源としていたでしょうか。〈 2点 〉

[47] ① 火力　② 水力
③ 風力　④ 原子力

・ドイツ西部のエッセン市には、ヨーロッパの重工業の発展や炭鉱業の盛衰を物語る遺産群である『エッセンのツォルフェライン炭鉱業遺産群』があります。「ツォルフェライン」というドイツ語の意味として正しいものはどれでしょうか。〈 2点 〉

[48] ① ベルリンの壁
② ホワイトハウス
③ ヨーロッパ連合
④ ドイツ関税同盟

・江戸時代末期から明治時代にかけての約50年間で、日本が近代化し、飛躍的な経済発展を成しとげた歴史的価値を証明する23の資産が、「明治日本の産業革命遺産」として世界遺産に登録されています。この遺産に関連する産業として<u>正しくないもの</u>はどれでしょうか。〈 2点 〉

[49] ① 製鉄　② 製鋼
③ 石油　④ 石炭

・同じく「明治日本の産業革命遺産」に関し、同じような特徴や背景をもつ遺産を、一つの遺産として登録したものを何というでしょうか。〈 2点 〉

[50] ① インターナショナル・ゾーン
② マルチプル・エリア
③ グローバル・ヘリテージ
④ シリアル・ノミネーション・サイト

3・4級

解答・正答率

095 世界遺産検定③級 [2023年 3月]

096 世界遺産検定③級 [2023年 7月]

097 世界遺産検定③級 [2023年12月]

098 世界遺産検定④級 [2023年 3月]

099 世界遺産検定④級 [2023年 7月]

100 世界遺産検定④級 [2023年12月]

3級　2023年3月　解答・正答率

問題番号	解答	正答率	得点
[1]	②	85.1%	1点
[2]	③	93.1%	2点
[3]	①	95.3%	2点
[4]	②	76.2%	2点
[5]	③	91.5%	2点
[6]	④	52.8%	2点
[7]	②	81.0%	1点
[8]	①	79.3%	2点
[9]	③	75.5%	1点
[10]	②	59.2%	1点
[11]	④	62.2%	2点
[12]	③	49.8%	1点
[13]	②	90.8%	1点
[14]	②	90.9%	2点
[15]	③	83.2%	2点
[16]	①	63.0%	2点
[17]	④	82.4%	2点
[18]	①	68.2%	2点
[19]	③	77.7%	2点
[20]	②	30.1%	2点
[21]	②	82.8%	2点
[22]	④	72.4%	1点
[23]	③	59.2%	2点
[24]	②	87.5%	2点
[25]	①	76.5%	2点
[26]	②	27.9%	1点
[27]	③	73.8%	1点
[28]	②	91.8%	2点
[29]	④	79.0%	1点
[30]	②	97.2%	2点
[31]	①	74.5%	2点

問題番号	解答	正答率	得点
[32]	④	79.5%	2点
[33]	②	92.9%	1点
[34]	③	95.5%	2点
[35]	①	89.8%	2点
[36]	②	43.4%	2点
[37]	④	63.0%	2点
[38]	②	56.3%	2点
[39]	③	89.3%	2点
[40]	④	92.9%	1点
[41]	②	97.0%	2点
[42]	①	82.8%	2点
[43]	②	84.3%	1点
[44]	③	58.3%	1点
[45]	④	68.0%	2点
[46]	②	58.2%	2点
[47]	③	88.6%	2点
[48]	②	79.2%	2点
[49]	③	74.6%	1点
[50]	④	61.9%	2点
[51]	④	73.5%	1点
[52]	③	72.3%	2点
[53]	④	64.7%	1点
[54]	①	33.4%	2点
[55]	②	58.0%	2点
[56]	①	98.3%	1点
[57]	③	89.3%	1点
[58]	③	87.5%	1点
[59]	②	56.4%	2点
[60]	④	91.7%	2点

平均点	76.4点

3級 2023年7月 解答・正答率

問題番号	解答	正答率	得点
[1]	②	90.6%	2点
[2]	④	97.3%	2点
[3]	③	96.1%	2点
[4]	②	84.1%	2点
[5]	①	88.6%	2点
[6]	④	89.5%	2点
[7]	③	90.7%	2点
[8]	②	87.9%	1点
[9]	④	60.7%	2点
[10]	①	83.8%	2点
[11]	②	87.1%	1点
[12]	④	78.0%	2点
[13]	③	82.2%	1点
[14]	②	61.2%	2点
[15]	①	94.1%	1点
[16]	④	81.0%	1点
[17]	③	53.7%	2点
[18]	③	85.0%	2点
[19]	②	90.5%	2点
[20]	③	94.6%	1点
[21]	①	98.9%	2点
[22]	③	75.5%	1点
[23]	③	89.5%	2点
[24]	②	83.1%	2点
[25]	③	80.7%	2点
[26]	②	62.3%	2点
[27]	①	77.7%	2点
[28]	④	56.0%	1点
[29]	③	80.2%	2点
[30]	④	65.8%	2点
[31]	③	46.9%	2点

問題番号	解答	正答率	得点
[32]	①	40.8%	1点
[33]	②	76.9%	2点
[34]	④	80.1%	2点
[35]	②	81.4%	2点
[36]	①	91.4%	1点
[37]	④	58.8%	1点
[38]	①	77.9%	2点
[39]	③	65.2%	2点
[40]	②	84.4%	2点
[41]	③	73.1%	2点
[42]	④	74.6%	1点
[43]	①	64.5%	2点
[44]	③	62.8%	1点
[45]	③	67.3%	2点
[46]	④	60.6%	2点
[47]	②	80.0%	2点
[48]	④	88.0%	1点
[49]	①	86.9%	2点
[50]	③	78.4%	1点
[51]	②	93.7%	1点
[52]	②	73.4%	2点
[53]	④	80.6%	2点
[54]	②	89.3%	1点
[55]	③	88.9%	2点
[56]	①	76.2%	2点
[57]	④	90.3%	2点
[58]	④	89.1%	1点
[59]	③	92.5%	1点
[60]	③	77.0%	1点

平均点	82.5点

3級　2023年12月　解答・正答率

問題番号	解答	正答率	得点
[1]	③	96.7%	1点
[2]	④	53.4%	2点
[3]	①	89.5%	2点
[4]	②	88.8%	2点
[5]	①	83.2%	2点
[6]	③	81.2%	1点
[7]	②	97.0%	1点
[8]	①	94.4%	2点
[9]	④	57.7%	1点
[10]	②	82.9%	1点
[11]	①	95.5%	2点
[12]	④	94.6%	1点
[13]	①	68.7%	2点
[14]	③	90.9%	2点
[15]	②	92.2%	2点
[16]	③	88.7%	1点
[17]	①	75.2%	2点
[18]	③	78.3%	1点
[19]	④	66.1%	2点
[20]	①	32.4%	2点
[21]	②	70.0%	1点
[22]	③	91.7%	2点
[23]	①	83.3%	2点
[24]	④	73.0%	2点
[25]	③	82.1%	2点
[26]	②	64.8%	2点
[27]	①	70.3%	2点
[28]	④	70.3%	1点
[29]	②	36.1%	2点
[30]	①	53.7%	2点
[31]	④	60.1%	2点

問題番号	解答	正答率	得点
[32]	③	81.1%	1点
[33]	④	59.4%	2点
[34]	②	92.4%	1点
[35]	②	49.0%	2点
[36]	①	58.3%	2点
[37]	③	79.9%	2点
[38]	④	67.8%	2点
[39]	②	62.3%	2点
[40]	①	79.8%	2点
[41]	②	49.7%	2点
[42]	③	49.7%	1点
[43]	④	83.0%	2点
[44]	①	70.0%	2点
[45]	②	73.3%	1点
[46]	③	85.7%	1点
[47]	③	48.1%	2点
[48]	②	82.7%	2点
[49]	①	81.7%	1点
[50]	③	91.0%	1点
[51]	④	82.6%	2点
[52]	①	89.7%	2点
[53]	①	86.6%	2点
[54]	②	75.5%	2点
[55]	③	38.7%	2点
[56]	④	72.0%	1点
[57]	①	84.7%	2点
[58]	②	97.2%	2点
[59]	③	94.2%	1点
[60]	④	80.7%	1点

平均点	77.3点

4級　2023年3月　解答・正答率

問題番号	解答	正答率	得点
[1]	①	99.0 %	2点
[2]	②	100%	2点
[3]	④	91.7 %	2点
[4]	②	87.5 %	2点
[5]	③	95.8 %	2点
[6]	④	99.0 %	2点
[7]	①	87.5 %	2点
[8]	④	93.2 %	2点
[9]	②	88.5 %	2点
[10]	②	97.4 %	2点
[11]	①	82.8 %	2点
[12]	②	46.9 %	2点
[13]	③	91.7 %	2点
[14]	②	71.9 %	2点
[15]	①	76.0 %	2点
[16]	③	96.9 %	2点
[17]	④	79.2 %	2点
[18]	②	84.4 %	2点
[19]	③	76.6 %	2点
[20]	④	94.8 %	2点
[21]	①	87.5 %	2点
[22]	④	78.6 %	2点
[23]	②	99.0 %	2点
[24]	④	88.0 %	2点
[25]	①	94.3 %	2点
[26]	③	95.3 %	2点

問題番号	解答	正答率	得点
[27]	②	97.9 %	2点
[28]	①	66.1 %	2点
[29]	②	92.2 %	2点
[30]	③	77.1 %	2点
[31]	②	80.2 %	2点
[32]	④	94.3 %	2点
[33]	②	92.2 %	2点
[34]	①	91.7 %	2点
[35]	②	93.8 %	2点
[36]	③	95.8 %	2点
[37]	①	51.0 %	2点
[38]	②	94.3 %	2点
[39]	③	92.7 %	2点
[40]	②	89.6 %	2点
[41]	①	69.8 %	2点
[42]	③	88.0 %	2点
[43]	②	71.9 %	2点
[44]	③	89.6 %	2点
[45]	②	68.2 %	2点
[46]	④	69.8 %	2点
[47]	③	67.2 %	2点
[48]	①	92.7 %	2点
[49]	②	86.5 %	2点
[50]	④	92.7 %	2点

平均点	86.9点

4 級 2023年7月 解答・正答率

問題番号	解答	正答率	得点
[1]	③	96.9 %	2点
[2]	②	99.6 %	2点
[3]	②	96.9 %	2点
[4]	①	95.8 %	2点
[5]	②	93.8 %	2点
[6]	④	97.3 %	2点
[7]	②	89.2 %	2点
[8]	③	92.7 %	2点
[9]	②	87.3 %	2点
[10]	④	83.8 %	2点
[11]	①	51.2 %	2点
[12]	③	100.0 %	2点
[13]	②	96.9 %	2点
[14]	④	63.8 %	2点
[15]	②	94.6 %	2点
[16]	③	79.6 %	2点
[17]	④	73.1 %	2点
[18]	①	71.2 %	2点
[19]	②	80.8 %	2点
[20]	①	95.8 %	2点
[21]	④	66.2 %	2点
[22]	③	92.3 %	2点
[23]	①	92.3 %	2点
[24]	①	93.5 %	2点
[25]	④	94.6 %	2点
[26]	③	88.1 %	2点

問題番号	解答	正答率	得点
[27]	②	80.4 %	2点
[28]	②	67.7 %	2点
[29]	③	55.8 %	2点
[30]	③	70.0 %	2点
[31]	①	77.7 %	2点
[32]	①	86.9 %	2点
[33]	③	93.8 %	2点
[34]	②	91.2 %	2点
[35]	④	92.7 %	2点
[36]	③	93.8 %	2点
[37]	①	36.9 %	2点
[38]	②	86.5 %	2点
[39]	④	91.2 %	2点
[40]	③	89.6 %	2点
[41]	④	78.5 %	2点
[42]	①	86.2 %	2点
[43]	④	90.4 %	2点
[44]	②	80.8 %	2点
[45]	②	84.2 %	2点
[46]	④	91.5 %	2点
[47]	④	55.8 %	2点
[48]	④	80.4 %	2点
[49]	③	86.5 %	2点
[50]	②	74.2 %	2点

平均点	85.7点

4級　2023年12月　解答・正答率

問題番号	解答	正答率	得点
[1]	②	97.1 %	2点
[2]	③	90.6 %	2点
[3]	①	95.3 %	2点
[4]	④	94.1 %	2点
[5]	③	79.4 %	2点
[6]	②	87.6 %	2点
[7]	④	95.3 %	2点
[8]	①	97.1 %	2点
[9]	③	80.0 %	2点
[10]	①	91.2 %	2点
[11]	④	91.2 %	2点
[12]	②	97.6 %	2点
[13]	②	76.5 %	2点
[14]	①	94.1 %	2点
[15]	④	98.8 %	2点
[16]	③	84.1 %	2点
[17]	③	82.9 %	2点
[18]	②	89.4 %	2点
[19]	①	85.3 %	2点
[20]	④	90.6 %	2点
[21]	③	72.9 %	2点
[22]	②	31.2 %	2点
[23]	①	83.5 %	2点
[24]	③	91.2 %	2点
[25]	④	82.4 %	2点
[26]	①	85.9 %	2点
[27]	②	55.9 %	2点
[28]	③	95.9 %	2点
[29]	④	94.7 %	2点
[30]	②	85.9 %	2点
[31]	①	63.5 %	2点
[32]	③	72.9 %	2点
[33]	④	85.9 %	2点
[34]	③	89.4 %	2点
[35]	①	85.3 %	2点
[36]	④	92.4 %	2点
[37]	②	94.7 %	2点
[38]	③	93.5 %	2点
[39]	①	82.4 %	2点
[40]	④	88.2 %	2点
[41]	②	72.9 %	2点
[42]	②	91.8 %	2点
[43]	③	83.5 %	2点
[44]	①	92.4 %	2点
[45]	④	90.6 %	2点
[46]	①	29.4 %	2点
[47]	②	55.9 %	2点
[48]	④	76.5 %	2点
[49]	③	86.5 %	2点
[50]	④	85.9 %	2点

平均点	85.8点

例題

3・4級

102 世界遺産検定③級 例題

106 世界遺産検定④級 例題

110 ③・④級 例題 解答解説

◆世界遺産検定3級 例題

・世界遺産条約の説明として、正しいものはどれか。

[1] ① 正式名称を「世界の遺産及び自然景観の保護に関する条約」という
② 遺産の保護・保全の義務と責任は遺産保有国にあるとしている
③ 負の遺産と危機遺産の定義がされている
④ 危機遺産に登録された場合はユネスコが対処しなければならないと定めている

・世界遺産登録に関する説明として、正しいものはどれか。

[2] ① 日本の文化遺産は、文化庁もしくは宮内庁が暫定リストから候補を選定する
② 日本の自然遺産は、環境省と林野庁が暫定リストから候補を選定する
③『エルサレムの旧市街とその城壁群』は、正規の手順を経ずに登録する「緊急的登録推薦」で世界遺産に登録された
④ 各国はICOMOSやIUCNに直接推薦書を送り、審議前に遺産の現地調査を依頼する

・文化的景観に関する、以下の文中の空欄に当てはまる語句として、正しいものはどれか。

[「文化的景観」とは、(　　　)や、自然の要素が人間の文化と強く結びついた景観を指す。]

[3] ① 人間の手が加えられていないありのままの自然を保つ景観
② 複数の民族の文化が1ヵ所で見られる景観
③ 人間の文化よりも自然の保護を優先して生まれた景観
④ 人類が長い時間をかけて自然とともにつくり上げた景観

・日本で初めて文化的景観の概念が認められた『紀伊山地の霊場と参詣道』に関し、霊場のひとつである熊野三山に含まれない物件はどれか。

[4]
① 金剛峯寺（こんごうぶじ）
② 那智大滝
③ 補陀洛山寺（ふだらくさんじ）
④ 青岸渡寺（せいがんとじ）

・『石見銀山遺跡とその文化的景観』に関し、16世紀に石見銀山で導入され、良質な銀の大量生産が可能となった銀の精錬技術として、正しいものはどれか。

[5]
① 灰吹法　② 電解法
③ 青化法　④ アマルガム法

・『知床』の説明として、正しいものはどれか。

[6]
① 知床半島東部の羅臼（らうす）側と西部のウトロ側では気候は類似している
② 食物連鎖のはじまりは親潮に乗ってやってくる小魚である
③ 知床の海氷は、アムール川の淡水がオホーツク海に流れ込んでできる
④ フランスで始まったナショナル・トラスト運動を手本に、市民の寄付で土地を買い取る運動が行われた

・『モスクワのクレムリンと赤の広場』に関する、以下の文中の空欄に当てはまる語句として、正しいものはどれか。

> 1480年、自身を「ビザンツ帝国の後継者」と称するイヴァン3世は、「タタールのくびき」と呼ばれるモンゴルの支配からモスクワ大公国を独立させた。レンガの壁や城門を建設して城壁を強固にするだけでなく、内部に(　　　)やグラノヴィータヤ宮殿などを建てて、現在の壮麗なクレムリンの原型をつくった。

[**7**] ① ウスペンスキー大聖堂
② エルミタージュ美術館
③ サンスーシ宮殿
④ ベルヴェデーレ宮殿

・タイ王国の『スコータイと周辺の歴史地区』に関し、スコータイ朝初代の王が建立したとされる寺院として、正しいものはどれか。

[**8**] ① アンコール・ワット
② テンプロ・マヨール
③ ポタラ宮
④ ワット・マハータート

・以下の英文の空欄(　A　)、(　B　)に入る語句の組み合わせとして、正しいものはどれか(Aの空欄にはそれぞれ同じ語句が入る)。

> The Palaces of (**A**) and Shenyang were the imperial residences during the Ming and (**B**) Dynasties. These remarkable architectural edifices offer important historical testimony to the history of the (**B**) Dynasty and to the cultural traditions of the Manchu.

[**9**] ① A. Beijing — B. Yuan
② A. Beijing — B. Qing
③ A. Shanghai — B. Yuan
④ A. Shanghai — B. Qing

・『カナディアン・ロッキー山脈国立公園群』の説明として、正しくないものはどれか。

［カナディアン・ロッキーは、ロッキー山脈の（① カナダ）側2,200kmにわたる山岳地帯である。公園内には、（② エドワード湖）やペイトー湖などの氷河湖、北米最大の氷原である（③ コロンビア大氷原）など様々な氷河地形が点在する。また、（④ バージェス頁岩）と呼ばれる地層からは5億年以上前の古代生物の化石も見つかっている。］

［ 10 ］ ① カナダ
② エドワード湖
③ コロンビア大氷原
④ バージェス頁岩

・様々な動物が生息し、豊かな生態系を誇ることから、「世界の動物園」とも称される『ンゴロンゴロ自然保護区』の位置として、正しいものはどれか。

［ 11 ］

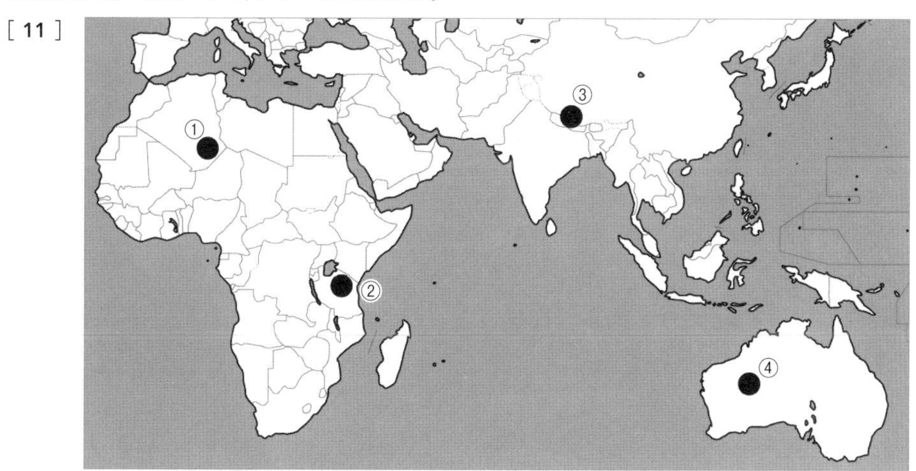

・2024年の世界遺産委員会に向けて日本から推薦されている「佐渡島の金山」に関する説明として、正しいものはどれか。

［ 12 ］ ① 16世紀に発見された世界最大級の銀鉱脈を含む
② 世界初の鉄橋（シングル・アーチ橋）が残る
③ 江戸時代に伝統的手工業によって採掘から精錬までの金生産が行われていた
④ 構成資産には現在も稼働中の「三池港」が含まれる

◆世界遺産検定4級 例題

・世界遺産がもつ、どの国や地域の人でも、いつの時代のどの世代の人でも、どんな信仰や価値観をもつ人でも、同じように素晴らしいと感じる価値を何というでしょうか。

[1] ① 高度な文化的価値
② 莫大な経済的価値
③ 顕著な普遍的価値
④ 崇高な宗教的価値

・世界遺産になるためには、いくつかの条件があります。その条件として、正しいものはどれでしょうか。

[2] ① 遺産が不動産であること
② 文化財に指定されていないこと
③ 各国の「遺産待機リスト」に記載されていること
④ 保有国を除く2ヵ国以上からの推薦があること

・「負の遺産」の説明として、正しくないものはどれでしょうか。

[3] ① 近現代に起こった戦争や奴隷貿易など、人類が起こした過ちを記憶にとどめ教訓とするための遺産である
② 世界遺産条約の中で正式に定義されている
③ 負の遺産と考えられるものは登録基準⑥のみで登録されることが多い
④ 南アフリカ共和国の『ロベン島』などが負の遺産と考えられる

・『古都奈良の文化財』の構成資産に含まれない寺社はどれでしょうか。

[4]

① 平等院

② 春日大社

③ 薬師寺

④ 東大寺

・『姫路城』を江戸時代初期に大改築し、ほぼ現在の姿に整えた姫路藩初代藩主は誰でしょうか。

[5] ① 平清盛　② 池田輝政
③ 徳川家康　④ 厩戸王（聖徳太子）

・『ル・コルビュジエの建築作品：近代建築運動への顕著な貢献』に関する以下の文中の空欄に当てはまる語句として、正しいものはどれでしょうか。

［ 世界遺産『ル・コルビュジエの建築作品：近代建築運動への顕著な貢献』は建築家ル・コルビュジエが設計したフランスやスイス、アルゼンチンなど7ヵ国に点在する17資産で構成されており、日本からは東京の上野にある（　　　）が登録されました。 ］

[6] ① 日本科学未来館
② 江戸東京博物館
③ 国立新美術館
④ 国立西洋美術館

・『ウルル、カタ・ジュタ国立公園』の一帯を聖地としている先住民として、正しいものはどれでしょうか。

[**7**] ① ムザブ族　② シェルパ族
③ アボリジニ　④ マサイ族

・デンマーク王国の『クロンボー城』は、イギリスの劇作家ウィリアム・シェイクスピアの四大悲劇のひとつに登場する城のモデルとなったことで知られています。その作品として正しいものはどれでしょうか。

[**8**]

① ハムレット

② 三銃士

③ 若草物語

④ ドン・キホーテ

・エジプト・アラブ共和国の『メンフィスのピラミッド地帯』の説明として、正しくないものはどれでしょうか。

[9] ① ギザの三大ピラミッドは、日本では縄文時代にあたる紀元前2500年ごろにつくられた
② スフィンクスはカフラー王のピラミッドの前にある
③ ピラミッドの建造は農閑期(のうかんき)の国家公共事業であったという説が有力である
④ ギザの三大ピラミッドのうち、最も大きいのはツタンカーメン王のピラミッドである

3・4級例題

・長い年月の間、風雨にさらされ大地が削られたことでできた「テーブルマウンテン(卓状台地)」が有名な、ベネズエラ・ボリバル共和国の世界遺産として、正しいものはどれでしょうか。

[10] ① ガラパゴス諸島
② カナイマ国立公園
③ ロード・ハウ群島
④ ロス・グラシアレス国立公園

・中国には、IUCN(国際自然保護連合)のレッドリストの危急種に指定されているジャイアントパンダの保護区群があり、世界遺産に登録されています。次のどの省・市にあるでしょうか。

[11] ① 福建省(ふっけん) ② 四川省(しせん) ③ 北京市(ペキン) ④ 上海市(シャンハイ)

・2024年の世界遺産委員会の開催国として、正しいものはどれでしょうか。

[12] ① 大韓民国(だいかんみんこく) ② イタリア共和国 ③ アメリカ合衆国 ④ インド

◆3・4級　例題 解答解説

3級

［ 1 ］ ② **遺産の保護・保全の義務と責任は遺産保有国にあるとしている**

〈解説〉

世界遺産条約は、2024年3月時点で195の国と地域が加盟する世界最大規模の国際条約です。「人類共通の宝物」である世界遺産を国際的に保護することを目的としていますが、遺産の保護・保全の義務と責任はまず遺産保有国にあるとしています。

正式名称は「世界の文化遺産及び自然遺産の保護に関する条約」といい、1972年の第17回ユネスコ（国際連合教育科学文化機関）総会にて採択されました。条約には、文化遺産と自然遺産の定義や、世界遺産リストと危機遺産リスト（危機にさらされている世界遺産リスト）の作成、世界遺産委員会や世界遺産基金の設立などが定められています。また、危機遺産リストに遺産が記載された場合には、遺産の保護・保全の責任を負う保有国が対処する必要があるとしています。

［ 2 ］ ② **日本の自然遺産は、環境省と林野庁が暫定リストから候補を選定する**

〈解説〉

世界遺産登録を目指す遺産は、まず各国の暫定リストに載る必要があります。日本では、自然遺産は環境省と林野庁が暫定リストから候補を選定しています。

文化遺産の場合は、文化庁もしくは内閣官房が候補を決定します。それぞれの推薦候補の中から、世界遺産条約関係省庁連絡会議で、日本からユネスコの世界遺産センターへ推薦する遺産が選出されます。世界遺産センターは推薦書を受理すると、文化遺産であればICOMOS（国際記念物遺跡会議）、自然遺産であればIUCN（国際自然保護連合）に、遺産の専門調査を依頼します。その結果をもとに、世界遺産委員会で世界遺産登録の可否が審議、決定されます。推薦書の提出から登録まで、通常約1年半の期間を要しますが、災害や戦争の発生など、遺産に緊急な保護が必要な場合、正規の手順を経ずに「緊急的登録推薦」として世界遺産と同時に危機遺産にも登録されます。

『エルサレムの旧市街とその城壁群』は、紛争が続く情勢のため、登録翌年から危機遺産リストに記載されていますが、緊急的登録推薦での登録ではありません。領有権が明確でないエルサレムにあり、例外的に隣国のヨルダンが代理で登録申請しました。保有国は国家として現在は実在しない「エルサレム」となっています。

［ 3 ］ ④ **人類が長い時間をかけて自然とともにつくり上げた景観**

〈解説〉

文化的景観とは、1992年に採択された概念です。人類が長い時間をかけて自然とともにつくり上げた景観や、自然の要素が人間の文化と強く結びついた景観を指します。人間の文化や社会、景観は、周囲の自然環境や気候風土と切り離せないという考えに基づいています。1993年、ニュージーランドの『トンガリロ国立公園』において、世界ではじめて文化的景観の価値が認められました。

［ 4 ］ ① **金剛峯寺**（こんごうぶじ）

〈解説〉

『紀伊山地の霊場と参詣道』は、「吉野・大峯」「熊野三山」「高野山」の３つの霊場と、それを結ぶ参詣道が登録されています。３つの霊場はいずれも、日本古来の神道と大陸より伝来した仏教とが結びついた神仏習合の顕著な例です。自然環境を中心に数多くの信仰形態が育まれたことから、日本で初めて文化的景観が認められました。「金剛峯寺（こんごうぶじ）」は高野山に含まれる構成資産です。

［ 5 ］ ① **灰吹法**

〈解説〉

16世紀の石見銀山において、新しく導入された銀の精錬技術は「灰吹法」です。鉱石を一度鉛に溶かしてから銀を取り出す方法で、良質な銀の大量生産を可能にしました。17世紀になると、日本は全世界の銀産出量の3分の1に相当する量を産出していたと考えられ、その多くが石見銀でした。

「アマルガム法」は水銀を用いて精錬する方法です。鉱石を水銀に溶かした後、水銀を蒸発させて銀を回収します。ボリビア多民族国の世界遺産『ポトシの市街』では、16世紀に世界最大級の銀鉱脈が発見され、アマルガム法を用いた銀の精錬が行われました。鉱脈発見から約100年の間、世界の銀産出量の半分を産出し、ポトシ産の銀は世界中に流通しました。

［ 6 ］ ③ **知床の海氷は、アムール川の淡水がオホーツク海に流れ込んでできる**

〈解説〉

北海道の北東端に位置する『知床』は、地球上で最も低緯度で海水が凍る季節海氷域です。オホーツク海にアムール川の淡水が流れ込んで形成された塩分の薄い層は、シベリアの寒気によって冷却され、海氷ができます。

知床半島では、1,500m級の山々が連なる知床連山が東西を貫いており、東の羅臼側と西のウトロ側では地形や気温、降雨量など気候が大きく異なっています。知床の食物連鎖は、豊富な栄養塩を含む海氷が解け、大量の植物プランクトンが増殖することで始まります。植物プランクトンを餌とする動物プランクトン、さらに小魚や甲殻類、貝類が繁殖し、それらを捕食する海生哺乳類や陸生哺乳類といった一連の食物連鎖が生まれます。知床は、この食物連鎖によって海と陸の連続した生態系がみられる点が特徴です。このような豊かな生態系を守るため、英国のナショナル・トラスト運動を手本にし、市民の寄付で土地を買い取る「しれとこ100平方メートル運動」が行われました。1997年からは原生の森へ復元する「100平方メートル運動の森・トラスト」に発展しています。

［ 7 ］ ① **ウスペンスキー大聖堂**

〈解説〉

選択肢の中で、イヴァン３世が城壁内部に建てた建造物は、「ウスペンスキー大聖堂」です。1480年に「タタールのくびき」と呼ばれるモンゴルの支配から脱し、自らをビザンツ帝国の後継者ツァーリ（皇帝）と称したイヴァン３世は、もとあった城壁をさらに強固にするため、レンガの壁や塔、城門などを建設しました。城壁内部にはウスペンスキー大聖堂やグラノヴィータヤ宮殿を建て、現在のクレムリンの原型をつくり上げました。

[8] ④ ワット・マハータート

〈 解説 〉

スコータイ朝初代の王が建立した寺院は、スコータイ最大の仏教寺院である「ワット・マハータート」です。

スコータイ朝は13世紀前半に興ったタイ族初の王朝です。第3代のラームカムヘーン王の時代に最盛期を迎え、上座部仏教が国教となり、タイ文字が制定されました。遺跡の中心は三重の城壁に囲まれた都城で、内部には宗教建築物が複数残っています。

[9] ② A. Beijing — B. Qing

〈 解説 〉

英文を日本語に訳すと「『(A)と瀋陽の故宮』は、明朝と(B)朝時代に皇帝の居城でした。この優れた建築体系は、(B)朝の歴史と満州族の文化的伝統の重要な歴史的証明となるものです」という意味になります。

この英文は『北京と瀋陽の故宮』について説明したものです。『北京と瀋陽の故宮』は、明・清朝時代に皇帝の居城や、王族の離宮として使われました。選択肢Aの“Beijing”は「北京」、“Shanghai”は「上海」を意味します。選択肢Bの“Yuan”は「元」、“Qing”は「清」という意味です。よって、選択肢②の「A. Beijing — B. Qing」の組み合わせが適切です。

[10] ② エドワード湖

〈 解説 〉

「エドワード湖」は『カナディアン・ロッキー山脈国立公園群』ではなく、コンゴ民主共和国の『ヴィルンガ国立公園』内の湖です。公園中央に位置し、かつてはカバが多く生息していました。しかし、ルワンダの内戦による環境悪化や密猟などの影響で、個体数が激減しています。

カナダの『カナディアン・ロッキー山脈国立公園群』は、北アメリカ大陸西部を南北に貫くロッキー山脈のカナダ側2,200kmにわたる山岳地帯です。およそ6,000万年前の造山運動によって誕生し、氷河の浸食を受けて現在の険しい姿となりました。公園内には氷河がもたらした地形が点在しており、ルイーズ湖やペイトー湖などの氷河湖や、北米最大の氷原であるコロンビア大氷原などがその例です。低山から高山帯までの多様な植物相が見られ、一帯は希少な野生動物の生息地ともなっています。また、ヨーホー国立公園内のバージェス頁岩と呼ばれる地層からは、5億年以上前のカンブリア紀をはじめとする古代生物の化石が多数発見されています。

[11] ②

〈 解説 〉

『ンゴロンゴロ自然保護区』は、アフリカ東部のタンザニア連合共和国に位置しています。火山の噴火によって生まれた「ンゴロンゴロ・クレーター」を中心に広がる大草原は、「世界の動物園」とも称されるほど多様な動物の生息地となっています。また、クレーター内のオルドゥヴァイ渓谷では、先史人類の化石や石器が多数発見されています。1979年の世界遺産登録時は自然遺産として登録されていましたが、人類の進化を証明する文化遺産の価値が認められ、2010年に複合遺産となりました。

［ 12 ］ ③ **江戸時代に伝統的手工業によって採掘から精錬までの金生産が行われていた**

〈 解説 〉

新潟県にある「佐渡島の金山」は砂金鉱床の西三川砂金山と、鉱脈鉱床の相川鶴子金銀山の２つの資産から構成されます。佐渡島では、江戸時代に伝統的手工業によって採掘から精錬までの金生産が行われていました。

当初は2023年の世界遺産登録を目指しており、2022年２月に推薦書を提出しましたが、内容に不備があるとしてICOMOSに推薦書が送られませんでした。その後2023年１月に推薦書を再提出し、2024年の世界遺産委員会での登録を目指しています。（2024年３月時点）

4級

［ 1 ］ ③ **顕著な普遍的価値**

〈 解説 〉

世界には、歴史や文化、宗教など、各々の背景や価値観があります。様々な考え方がある中で、どの国々や地域の人でも、いつの時代のどの世代の人でも、どんな信仰や価値観をもつ人でも同じように素晴らしいと感じる価値を「顕著な普遍的価値」と呼びます。顕著な普遍的価値をもつ建造物や遺跡、景観、自然などを人類共通の財産として守り、後世に受け継いでいくことを目的に、1972年に世界遺産条約がユネスコ総会で採択されました。この条約に基づき世界遺産リストに記載された、顕著な普遍的価値をもつ自然や文化財を「世界遺産」と呼びます。

［ 2 ］ ① **遺産が不動産であること**

〈 解説 〉

世界遺産になるためには、前提となる条件がいくつかあります。遺産をもつ国が世界遺産条約を締結していること、遺産をもつ国自身から推薦があること、遺産が不動産であること、各国の法律で守られていること、各国の暫定リストにあらかじめ記載されていることなどです。

不動産とは土地や、土地に定着した建物などのことです。簡単に持ち運びのできる絵画や彫刻などは、どんなに価値があり優れていても世界遺産には申請できません。レオナルド・ダ・ヴィンチの「最後の晩餐」のような壁画や、奈良の大仏のような巨大な像は、不動産の一部として世界遺産に登録されています。

［ 3 ］ ② **世界遺産条約の中で正式に定義されている**

〈 解説 〉

「負の遺産」とは、近現代に起こった戦争や人種差別、奴隷貿易など人類が起こした過ちを記憶にとどめ、二度と繰り返さないように教訓とするための遺産です。世界遺産条約の中で正式に定義されているものではなく、どの遺産が「負の遺産」に相当するのかについては意見が分かれることもあります。

「負の遺産」と考えられるものは、歴史上の重要な出来事などと関係する遺産に認められる、登録基準⑥のみで登録されることが多いのが特徴です。人類史上初めて原子爆弾が落とされた日本の『広島平和記念碑（原爆ドーム）』や、ユダヤ人など100万人以上が虐殺されたポーランドの『アウシュヴィッツ・ビルケナウ：ナチス・ドイツの強制絶滅収容所（1940-1945）』、極端な人種隔離政策が行われた南アフリカ共和国の『ロベン島』などが「負の遺産」と考えられます。

[4] ① **平等院**

〈解説〉

「平等院」は京都府宇治市にある寺院で、世界遺産『古都京都の文化財』の構成資産です。

「春日大社」は、奈良時代に平城京の守護を祈願して、藤原氏によって創建された神社です。都が京都に移った後も、藤原氏の氏神として栄えました。「薬師寺」は、680年に天武天皇の発願によって建立された寺院です。718年には藤原京から平城京に移築されました。創建当初から唯一残る三重塔の東塔は、移築前の建築様式を踏襲しており、白鳳文化の代表例とされています。「東大寺」は、仏教を篤く信仰した聖武天皇の発願で建造された寺院です。国家鎮護のために建立された盧舎那仏（大仏）が安置されています。

[5] ② **池田輝政**

〈解説〉

「池田輝政」は16世紀半ば～17世紀前半の武将です。1600年の関ヶ原の戦いの後、徳川幕府の大名として姫路藩の初代藩主となり、姫路城主となりました。1601～1609年にかけて大改修を行い、姫路城のシンボルである外観5層（7階建て）の大天守を築くなど、ほぼ現在の姿に整えました。

[6] ④ **国立西洋美術館**

〈解説〉

東京都台東区の上野恩賜公園内にある「国立西洋美術館」は、スイス出身の建築家ル・コルビュジエが基本設計を担当した美術館です。美術館本館には、作品が増えても螺旋状に展示室を増設できる構造の「無限成長美術館」という概念や、柱で床を支えることで地上階に吹き抜けの空間を作り出す「ピロティ」など、コルビュジエが生み出した近代建築の概念が表れています。コルビュジエの作品群のうち、7ヵ国に点在する17資産は『ル・コルビュジエの建築作品：近代建築運動への顕著な貢献』という名称で、各国共同でひとつの世界遺産として登録されました。このように、同じような特徴や背景をもち、国境を越えて存在する複数の遺産を、多国間の協力の下で世界遺産に登録する概念を「トランスバウンダリー・サイト」といいます。

[7] ③ **アボリジニ**

〈解説〉

『ウルル、カタ・ジュタ国立公園』の地域を聖地としている先住民は、「アボリジニ」です。アボリジニとは、オーストラリアで古くから狩猟採集生活を営んできた先住民の総称です。中でもアナング族と呼ばれる部族は、4～5万年前からこの地域で生活し、ウルルを聖地として崇めてきました。文字を持たなかったアナング族は、神話や伝承、狩猟方法などの絵を一帯の岩壁に残しており、最古のものの起源は1万年前にまで遡るといいます。

『ウルル、カタ・ジュタ国立公園』の一帯は、6億年前の造山運動と地殻変動によって、海底から地表が隆起してできたと考えられています。その過程で形成されたウルルは、世界で2番目に大きな一枚岩です。1987年に自然遺産として登録されましたが、アボリジニの伝統的生活が営まれてきたことから文化的景観の価値が認められ、1994年に複合遺産となりました。

[8] ① **ハムレット**

〈 解説 〉

デンマーク王国の『クロンボー城』をモデルとした、ウィリアム・シェイクスピアの作品は「ハムレット」です。ハムレットは、デンマークの王子であるハムレットが、父を殺して王位を奪取した叔父に復讐を果たすという戯曲です。「オセロー」、「リア王」、「マクベス」と共に、シェイクスピアの四大悲劇として名高い作品です。シェイクスピアは、16～17世紀初頭にかけて活躍したイギリスの劇作家で詩人です。シェイクスピア自身は、『クロンボー城』を訪れたことがないといわれています。

[9] ④ **ギザの三大ピラミッドのうち、最も大きいのはツタンカーメン王のピラミッドである**

〈 解説 〉

『メンフィスのピラミッド地帯』に含まれるギザの三大ピラミッドの中で、最も巨大なのはクフ王のピラミッドです。

古代エジプト古王国時代（紀元前2650年頃～前2120年頃）の王都であったメンフィス周辺には、約30のピラミッドや建造物が残されています。中でも巨大なギザの三大ピラミッドはクフ王、カフラー王、メンカウラー王の時代に築かれたものです。このうち、カフラー王のピラミッドの前には、人間の頭とライオンの胴体をもつスフィンクスの像があります。近年、労働従事者のための宿舎跡が見つかったことから、農閑期に人々を動員するための国家公共事業であったという説もあります。

[10] ② **カナイマ国立公園**

〈 解説 〉

南米大陸のベネズエラ・ボリバル共和国南東部にある『カナイマ国立公園』には、いくつもの巨大なテーブルマウンテン（卓状台地）が残されています。およそ17億年前の先カンブリア時代の岩盤が、長い年月の間、風雨にさらされて台地が削られ、硬い部分だけが残ってできたものです。数あるテーブルマウンテンのうち、アウヤンテプイ山には、世界最大の落差979mを誇るアンヘルの滝が流れ落ちています。滝の水は流れる途中で空中に散ってしまうため、滝つぼがありません。

[11] ② **四川省**

〈 解説 〉

四川省は中国西部の省です。省内の7つの自然保護区と9つの風景保存区が、『四川省のジャイアントパンダ保護区群』として世界遺産に登録されています。保護区には、中国全土のジャイアントパンダの3割以上が生息しています。また、レッサーパンダやウンピョウなど、固有種や絶滅危惧種を含む様々な動植物の棲み処となっています。

[12] ④ **インド**

〈 解説 〉

2024年の世界遺産委員会は、7月にインドのニューデリーで開催予定です。（2024年3月時点）

世界遺産検定
公式過去問題集
3・4級　2024年度版

2024年3月19日　初版第1刷発行

監修
NPO法人 世界遺産アカデミー

著作者
世界遺産検定事務局

編集協力
株式会社 シナップス

写真協力
小泉澄夫
宮澤光
iStockphoto　ほか

発行者
愛知和男（NPO法人 世界遺産アカデミー会長）

発行所
NPO法人 世界遺産アカデミー／世界遺産検定事務局
〒101-0003
東京都千代田区一ツ橋2-6-3　一ツ橋ビル2F
TEL：0120-804-302
電子メール：sekaken@wha.or.jp

発売元
株式会社 マイナビ出版
〒101-0003
東京都千代田区一ツ橋2-6-3　一ツ橋ビル2F
TEL：0480-38-6872（注文専用ダイヤル）
TEL：03-3556-2731（販売）
URL：https://book.mynavi.jp

装丁・本文デザイン
金岡直樹（SLOW.inc）

DTP
株式会社 シーアンドシー

印刷・製本
株式会社 加藤文明社

ISBN：978-4-8399-8592-9